Die
Entstehung der Insel Sylt

von Professor Dr. Wilhelm Wolff

Vierte, völlig neu bearbeitete Auflage

Mit 12 Abbildungen

Hamburg 1938

Friederichsen, de Gruyter & Co.

Druck von Walter de Gruyter & Co., Berlin W 35

Dem treuen Freunde unserer Heimat,

dem Begründer des Altonaer Museums

Professor Dr. Otto Lehmann

bleibt dies Büchlein in verehrungs-

voller Freundschaft gewidmet

Inhalt.

Das Eiland Sylt ist in den dritten Abschnitt seiner Entwicklungsgeschichte eingetreten, den der Beherrschung und Gestaltung durch Menschengeist und Menschenhand. Es ist keine Insel mehr; der Hindenburgdamm mit seinem Schienenstrang hat es an das Festland angeschlossen, aus den stillen Ortschaften seiner Westküste sind stattliche Bade- und Erholungsstätten für die im brausenden Lebens- und Arbeitsstrudel ermatteten Volksgenossen geworden, und machtvolle Werke der deutschen Wehr haben die für sie notwendigen Teile des meerumrauschten Ländchens eingenommen. So ist es jetzt ein Bollwerk gegen jede Art feindlicher Mächte, nicht zuletzt gegen den gefährlichsten und zähesten aller Feinde, vor dem es das dahinter liegende friedliche Festland zu schützen berufen ist, die grimme See. Ein starker Deich schützt hinfort seine fruchtbaren Marschen, feste Mauern und Steinböschungen panzern den westlichen Badestrand gegen die zerstörenden Sturmfluten, ein verwegenes System tief gerammter eiserner Spundbuhnen müht sich, die Brandung zu brechen und den entlang der Küste abtreibenden Sand festzuhalten, und sorgsame, immer wieder erneuerte Halmpflanzungen sammeln und halten den flüchtigen Dünensand. Dies sind erst kleine und höchst schwächliche Anfänge, um den Naturgewalten Widerstand zu leisten, und noch ist es keineswegs gelungen, die unaufhörliche Zerstörung Sylts an seiner mehr als 35 Kilometer langen Westküste voll wirksam zu bekämpfen und die Flucht der geschwächten Dünen nach Osten ins Wattenmeer zum Stehen zu bringen. Es wird in Zukunft darauf ankommen, ob der Fortschritt der Technik rasch genug sein wird, um in letzter

Schicksalsstunde die Zerstörung in ihrem Laufe zu überholen — denn darauf, daß die Natur gegen sich selbst dem Menschen zu Hülfe kommt und das Land sich heben oder das Meer abebben läßt, dürfen wir in so kurzer Zeit schwerlich hoffen.

Der zweite Abschnitt in der Entwicklung von Sylt, die stille Zeit, in welcher der Mensch, nur mit den bescheidenen Erfordernissen seines Daseins beschäftigt, des Ländchens genoß, wie es ihm die Natur darbot, ist dahin; sie ist eine freundliche Sage zur Erquickung des hastigen Gegenwartsmenschen geworden und lebt in alten Schilderungen, in der Dichtung und im Frieden der Museumssammlungen fort. Uns aber möge hier der unendlich lange und inhaltsreiche erste Abschnitt beschäftigen, während dessen im Spiel der reinen Naturkräfte, anfangs noch ohne eigene Grenzen, dann aber deutlicher und selbständiger dieses Stück Erde sich herausformte. Denn die Erkenntnisse, die wir dabei sammeln, sind mehr als nur freundliche Gebilde der Vorstellungskraft, sie sind auch nützliche Handhaben für einen jeden, der den Boden von Sylt hegen, pflegen, nutzen und gestalten soll.

1. Das Fundament von Sylt.

Zwischen Skandinavien und Mitteldeutschland tritt nur an sehr wenigen Stellen festes Gestein an die Erdoberfläche; auch auf Sylt fehlt es, denn den brüchigen Eisensandstein am Morsumkliff kann man zu den hier gemeinten festen Gesteinen nicht rechnen. Man darf aber auch nicht glauben, daß in dem weiten Raum von den südschwedischen Granitklippen bis zum Harz die im ebenen Lande sichtbaren Sand- und Lehmschichten sich bis in unendliche Erdtiefen fortsetzen. Sie werden auch hier überall von festen, harten Felsgesteinen getragen, manchmal, namentlich im Vorland der Gebirge, schon in 10, 50 oder 100 m Tiefe, manchmal aber erst unterhalb von $^1/_2$ bis 1 Kilometer. Auf Sylt reichen die bisherigen Bohrungen, die meistens der Erschließung des süßen Grundwassers gedient haben, kaum über 50 m hinunter, und sie haben keine wesentlich anderen Bodenschichten erreicht, als man in den Uferabbrüchen und Sandgruben zu sehen bekommt. Durch eingehende Messungen der magnetischen „Vertikalintensität", d. h. der auf eine freischwebende Magnetnadel außer der bekannten Lenkung zum magnetischen Nordpol einwirkenden senkrechten Anziehungskraft, sowie durch Messungen der inneren Erdschwere wissen wir aber doch ein wenig über den tieferen Untergrund Bescheid. Diese beiden Kräfte wirken nämlich je nach Tiefenlage und Natur der verborgenen festen Gesteinskörper örtlich verschieden stark. Grade unter dem höheren Teil von Sylt, etwa vom Morsumkliff bis nach Westerland und nördlich von Kampen befindet sich diesen Messungen zufolge eine Masse von altem, wahrscheinlich granitischen Grundgebirge in bedeutend höherer Lage als unter den benachbarten Insel- und Festlandsteilen; man darf aber diese Masse nicht schon in wenigen Hundert Metern Tiefe erwarten, sondern wahrscheinlich erst bei etwa Tausend Metern oder noch etwas tiefer. Immerhin ist es merkwürdig, daß der heutige höchste und, wie wir sehen werden, älteste Teil der Insel die Lage dieses unterirdischen Buckels widerspiegelt. An ihn schließen sich nach Norden und namentlich nach Süden, also in der Richtung nach Hörnum, wahrscheinlich jüngere Gebirgsschichten vom Alter der westfälischen und thüringischen Gebirgsformationen an, und es wäre denkbar, daß dazu auch Salz- und erdölführende Gesteinsmassen gehören, obwohl wir darüber gegenwärtig nichts Bestimmtes wissen. Genauer kennen wir solche Gesteine erst aus dem Untergrunde der Halbinsel Eiderstedt, wo sie stellenweise schon in Haustiefe angebohrt sind. Unsere wenigen Kenntnisse führen aber doch immerhin zu dem Schluß, daß man unter dem Mittelteil von Sylt schwerlich Salze oder Erdöl erbohren kann, daß aber der äußerste Süden vielleicht eher eine derartige Möglichkeit in sich birgt. Auch dies würde aber sicherlich erst in sehr großer Tiefe der Fall sein können.

Große Verbreitung besitzt im Untergrunde von Schleswig-Holstein die Kreideformation, richtige weiße Schreibkreide wie auf Rügen. In Lägerdorf bei Itzehoe wird sie in großen offenen Gruben gebrochen, an andern Stellen liegt sie meist wesentlich tiefer, z. B. unter der Hallig Oland in ungefähr 400 m. Wahrscheinlich ist sie auch im Sylter Untergrund vorhanden, und zwar gleichfalls in ziemlich tiefer Lage.

2. Die Urnordsee flutet über Sylt.

Mit der Kreide endigt der feste Gesteinssockel unseres Landes; über ihr folgen nur noch weiche Bodenarten bis zur Tagesoberfläche hinauf. Vorwiegend sind das Tonschichten, die als Bodenschlamm vorzeitlicher Meere entstanden sind. Diese Meere hatten anfangs, in der Eozän- und Oligozänzeit *), noch wesentlich andere Grenzen als unsere heutigen Meere, Nord- und Ostsee; aber im Frühlicht der nun angebrochenen erdgeschichtlichen Neuzeit gestaltet sich allmählich eine Urnordsee heraus, von der uns grade Sylt greifbare und höchst interessante Zeugnisse darbietet.

Es war das Zeitalter der Braunkohle, das sogenannte Tertiär, und zwar dessen mittlerer Abschnitt, das sog. Miozän, und Land und See machten sich, ähnlich wie heute, gegenseitig ihren Besitz strittig. Das Land — es gab noch keine Ostsee, sondern an Skandinavien schloß sich unmittelbar ein nur wenig hügeliges Flachland an, das bis zu den mitteldeutschen Gebirgen reichte — war mit einer üppigen, nahezu subtropischen Vegetation bedeckt. Es gab damals in Deutschland außer manchen fremdartigen Lorbeer-, Zimt- und Kaffeeartigen Gewächsen sogar einige Palmenarten. In den weiten Niederungen wucherten Waldmoore mit ausgedehnten Beständen von Sumpfzypressen und Sequoien, und träge Flüsse führten braunes, humushaltiges Wasser zum Meere. Dieses selbst beherbergte eine reiche Tierwelt, die nahe Verwandtschaft zu derjenigen des heutigen Mittelmeeres und des südlichen Teiles des Nordatlantik

*) Die beiden ältesten Abschnitte des „Tertiär" (Zeitalter der Braunkohle).

besaß; hunderterlei Arten von bunten Muscheln und Schnecken, von Seeigeln, Schwämmen und Einzelkorallen, von Haien, Robben und Delphinen und dem unzähligen Volk der Fische, Kleintiere und Krebse bewohnten seine warmen Gewässer. Aus den Torfschichten der Waldmoore sind Braunkohlen geworden, von denen man unbedeutende Flöze aus dem Untergrunde Schleswig-Holsteins kennt. Der Vater der geologischen Erforschung der Provinz, Ludwig Meyn, dem wir ein treffliches älteres Werk über Sylt verdanken, erwähnt auch zwei Flözchen im Uferabsturz westlich vom Morsumkliff, doch sind diese jetzt verschüttet und in neuerer Zeit nicht wieder bloßgespült worden.

Ausgezeichnet lassen sich aber fast immer die jüngsten Schichten des Miozäns, die man unter dem Namen „Glimmerton" zusammenfaßt, am Morsumkliff studieren. Sie treten dort an mehreren Stellen, in größerer Erstreckung besonders am Ostende des Kliffs zutage, freilich infolge von Erweichung durch das sie von oben durchtränkende Bodenwasser zum großen Teil in wüsten Massen aus dem Kliff-Fuß herausgequollen. Landeinwärts zieht sich der Glimmerton unter der Heide ein gutes Stück nach Süden. Dort befindet sich, jetzt zu einem Teich geworden, die tiefe Grube, aus der dieser Ton zur Eindeckung des Hindenburgdammes gestochen und gebaggert ist.

Der Glimmerton ist eine mächtige Anhäufung von Schlamm und schlammigem feinen Sand am Boden eines flachen Meeresteils aus dem Schlußabschnitt der Miozänzeit und vielleicht schon dem Anfang der dieser folgenden Pliozänzeit. Seinen Namen führt er nach den zahllosen winzigen Glimmerflitterchen, die seine grauen und schwarzen Massen durchziehen. Die letzteren verdanken ihre dunkle Färbung einem beträchtlichen Gehalt an humusartigen Substanzen und schwarzem Schwefeleisen, das sich an der Luft leicht zu Eisenvitriol umsetzt und dabei dem Ton einen tintenartigen Geschmack verleiht. Der Schwefelanteil des Schwefeleisens entstammt dem Eiweiß der zahllosen tierischen Lebewesen, die nach ihrem Absterben in der Flachsee verfault sind, und Eisen ist überall zugegen, in organischen wie in anorganischen Körpern. Die humose und bituminöse Substanz, die dem Glimmerton je nach seiner Schichtung in verschiedenem Maße beigemengt ist, würde ihn zu einem Erdöl-Muttergestein machen, wenn ihre chemische Entwicklung in dieser Richtung weiter vorgeschritten wäre, als es tatsächlich der Fall ist. Unter dem Mikroskop läßt der Glimmerton, wie Professor Wetzel in Kiel festgestellt hat, sehr viele winzige tierische Kotklümpchen erkennen, die von Schnecken, Seeigeln und anderen Meeresbewohnern herrühren. Es ist ganz erstaunlich, was sich in diesem wohl millionenjährigen Meeresschlamm der Vorzeit alles erhalten hat. Da findet man Schnecken- und Muschelschalen, Gehörsteinchen von Fischen, z. B. Heringen, Dorschen und Schellfischen (aber etwas andere Arten als die heutigen), Gehäuse und Stacheln von Seeigeln, Stückchen von Treibholz mit Bohrmuschelgängen; ja sogar ein Zahn des graziösen kleinen Urponys, Hipparion gracile, ist von dem offenbar nicht fernen Lande aus, vielleicht mit einem treibenden Kadaver, in den Ton gelangt*). Berühmt sind die „Krebsknollen" des Glimmertons vom Ostende des Morsumkliffs, kartoffel- bis apfelgroße graue Steinknollen, in denen

*) nach andrer Ansicht stammt dieser Zahn nicht aus dem Glimmerton, sondern aus dem ihn unmittelbar überlagernden feinen Flachsee-Sand.

man beim Zerschlagen Scheren und andre Körperreste von Taschenkrebsen findet. Was die Schnecken- und Muschelfauna betrifft, so ist es bemerkenswert, daß sich in den obersten Schichten zu den subtropischen Arten mehr nordatlantische hinzugesellen. Dies läßt darauf schließen, daß das subtropische Klima im Schwinden war und in ein kühl gemäßigtes überzugehen begann. Es bahnte sich also damals schon jener große klimatische Umschwung an, der tausend oder einige tausend Jahrhunderte später die Eiszeit herbeigeführt hat.

3. Die Urnordsee weicht zurück; ein baltischer Urstrom lagert den „Koalinsand" ab.

Noch ein anderer Umschwung begann in jener Zeit und führte die Glimmertonablagerung ihrem Ende zu: das Meer verflachte immer stärker und wich schließlich ganz aus unserer Gegend zurück. Es scheint nicht, daß dies bloß eine Folge seiner Ausfüllung durch die Anschwemmungen war, deren Material, soweit es organischer Natur war, von den unzähligen Generationen abgestorbener Meeresbewohner, namentlich der allerkleinsten, herrührte, soweit es aber mineralischer Natur — Sand und Ton — war, durch die Flüsse vom nahen Festland herbeigetragen wurde; vielmehr war offenbar eine allgemeine große Landhebung oder, was dieselbe Wirkung hat und daher von einer solchen schwer unterscheidbar ist, eine allgemeine Senkung des Meeresspiegels mit im Spiele. Dem fetten Glimmerton folgte deshalb zunächst eine sandige Flachsee- und alsdann eine Strandsand-Ablagerung, in der sich zahlreiche Abdrücke von Skeletteilen angeschwemmter Fische, auch solche von Walen und Delphinen vorfinden; daneben bemerkt man auch Muschel- und Schneckenschalen, wie sie im Sande der Flachsee und des Ufers zerstreut liegen, jedoch meist nur als Abdrücke erhalten; die eigentliche Schalsubstanz ist verschwunden. Diese nunmehr sicherlich zum sogenannten „Pliozän" zu rechnenden Sande sind in beträchtlicher Dicke durch Brauneisen zu einem braunroten eisenschüssigen Sandstein verfestigt, der am Morsumkliff eine brüchige Felspartie bildet, eine düstere, zu keiner Tageszeit von der Sonne getroffene Urweltecke. Merkwürdige Eisenerzscherben liegen daran umher, und im Vorstrande glaubt man in den sonderbar gleichmäßig abgeteilten Felsrippen riesige versteinerte Wirbelsäulen von phantastischen Ungeheuern zu erkennen. Diese und die Scherben, die von den Einheimischen das Topfgeschirr der Unterirdischen genannt werden, sind jedoch ganz natürliche Bildungen. Der Sandstein enthielt ursprünglich neben dunkelgrünen Körnchen des kalihaltigen Eisenminerals Glaukonit ein graugrünes Bindemittel aus kohlensaurem Eisen, das im Meerwasser seine Quarzkörner zusammengeschlossen hat. Reste davon findet man oft noch im Kern der Eisenerzkammern. Durch die Verwitterung sind später alle diese Eisenverbindungen in Brauneisenerz übergeführt worden, das in den Spalten und Schichtfugen des Gesteins Krusten und Schalen gebildet hat.

Nach oben wird der Sand reiner, lockerer und gröber; die Spuren von Meerestieren verlieren sich, und es erscheint ein hellfarbiger Flußsand. Das Meer ist also zur Zeit seiner Bildung völlig vom Festland zurückgedrängt gewesen. Der weiße Sand verrät uns durch seine Zusammensetzung und namentlich durch die Art seiner Kiesel ganz deutlich sein Herkunftsgebiet. Völlig verwitterte Granitgerölle, von denen nur die Kieselskelette mit ein wenig Glimmer und zu Porzellanerde zersetzten Feldspatteilchen übrig geblieben sind, weisen auf eine granitreiche Heimat, die nicht Nord- oder Mitteldeutschland, sondern nur Skandinavien gewesen sein kann, und eben dahin verweisen die in deutschen Gebirgen fehlenden verkieselten Korallen, Schwämme und andere Fossilien, die solchen aus den alten (silurischen) Kalkgesteinen des Baltikums und südlichen Skandinaviens völlig gleichen. Dabei sind einzelne Gerölle so groß wie eine Faust, obwohl sie in verhältnismäßig feinem Kies oder Sand liegen, der von nicht allzu reißendem Flußwasser angeschwemmt sein muß. Gewöhnliches Wasser kann sie nicht aus ihrer fernen Heimat hergeflößt haben, sie müssen im Winter mit den Eisschollen vom Gebirge hergekommen sein. Wir begegnen also auf diese Weise den Spuren einer winterlichen Jahreszeit in dieser entlegenen, offenbar durch ein eigenartig kontinentales Klima gekennzeichneten Periode. Auf tiefgründige festländische Verwitterung und Abtragung deuten auch die mehlartigen Kaolin- (Porzellanerde-) Stäubchen hin, die manchen Sandlagen reichlich beigemengt sind. Andere Lagen sind wiederum reich an silberweißen Glimmerflitterchen, während noch andere bis zu zwei Prozent Titaneisenerzkörnchen enthalten, deren Gewinnung schon L. Meyn erwogen hat, ohne daß, mit guten Gründen, bisher etwas daraus geworden ist. Charakteristisch für diese ganze sogenannte Kaolinsand-Ablagerung sind sodann zahllose kleine Edel- oder Halbedelsteinkörnchen von gelblicher, grünlicher, roter, brauner oder hyazinthartiger Färbung, von denen die Mehrzahl wohl Zirkonkörnchen sind. Alle diese Beimischungen sind bezeichnende Bestandteile zerstörter Urgebirgsgesteine, wie sie in Skandinavien zutage liegen.

Der obere Teil der Kaolinsande, den man der zweiten Hälfte der Pliozänzeit zurechnet, enthält mehr Kies- und Geröllschichten als der untere. Man findet ihn hauptsächlich bei Keitum, Braderup („weißes Kliff") und auch weithin im unteren Teil des Roten Kliffs zwischen Wenningstedt und Kampen entblößt, auf letzterer Strecke allerdings nur, wenn Sturmfluten einmal den ganzen Abrutsch und Verfallsschutt des Kliffs hinweggeräumt haben; dann zieht er sich als leuchtend weißes Band unter dem braunroten Lehm entlang. Bei solchen

Gelegenheiten bekommt man auch den ihm eingelagerten hellgrauen „Pfeifenton" und gewisse schwärzliche und rote Tonbänke im Fuße des Kliffs nach der Westerländer Seite hin zu sehen. Aber es geschieht nicht oft, daß der Strand auch einmal für den Geologen „gesegnet" ist.

Aus gewissen Eigentümlichkeiten des Sandes und seiner Gerölle hat man den Schluß ziehen wollen, daß während seiner Ablagerungszeit ein sehr trockenes, ja fast wüsten- oder steppenhaftes Klima in Norddeutschland geherrscht habe und daß die Flüsse einen großen Teil des Jahres hindurch halb versiegt und nur kurze Zeit mit wild ablaufenden Wässern gefüllt gewesen seien. Aber das stimmt nicht zum Vorkommen von Braunkohlen, also verfestigtem Waldtorf in gleichaltrigen Ablagerungen Mitteldeutschlands, wo man auch reiche Waldfloren mit Laub- und Nadelhölzern, darunter Sumpfzypressen und Stechpalmen gefunden hat, die ein feuchtmildes Klima verlangen. Es ist unvorstellbar, daß damals so grundverschiedene Klimazonen in unserm Lande so nahe beieinander gelegen haben sollten.

Am Ende des Braunkohlenzeitalters, im letzten Abschnitt des Pliozäns, war eine starke Annäherung des Klimas an unser heutiges eingetreten; auch die Wälder mit ihren Fichten, Föhren, Buchen und Eichen ähnelten in mancher Hinsicht den heutigen, und ebenso war die Tierwelt trotz mancher später vom Menschen ausgerotteter Großwildarten schon von uns vertrauter Zusammensetzung. Das bezeugen die Pflanzenreste aus einem humosen Ton, der sich 1909 im obersten Kaolinsand des Roten Kliffs bei Buhne 13 eingebettet zeigte (vgl. Tafel 3). Aber nun trat ein Zeitalter dazwischen, das eine ganz ungeheuerliche Störung dieser Entwicklung mit sich brachte, und dessen bloße, wirklichkeitsgetreue Schilderung sich anhört wie der spannendste Roman, den die Natur erfinden konnte: die Eiszeit. Sie währte einige tausend Jahrhunderte, und erst nach ihrem Ablauf hat die Erdgeschichte unserer Gegenden da wieder angeknüpft, wo sie am Ende des Braunkohlenzeitalters abriß, freilich unter ganz neuen Bedingungen an einem durch die Eiszeit völlig umgestalteten Erbe. Was das für Sylt bedeutet hat, soll nunmehr dargestellt werden.

4. Das Eiszeitalter auf Sylt; die älteren Moränen.

Wir kennen die genauen Ursachen der Eiszeit nicht; sie sind schwer zu erforschen, weil sie offenbar außerirdische waren. Aber das Bild der Eiszeit kennen wir für unsere Heimat recht genau, und was hier davon berichtet werden soll, ist kein wissenschaftliches Märchen, keine bloße Hypothese mehr, sondern sorgsam gesichertes Forschungsgut. Wir können daher rasch sein.

Dreimal — manche Forscher nehmen sogar an viermal — erniedrigte sich das Klima auf der ganzen Erde so sehr, daß es in unsern Gegenden arktisch wurde, und jedesmal dauerte dies solange, daß sich über Nordeuropa ein zusammenhängendes Inlandeis von der Art des grönländischen oder antarktischen ausbilden konnte. Zweimal — oder nach anderer Meinung dreimal — trat eine der heutigen ähnliche, lange Zwischenzeit ein, die das jeweilige Inlandeis langsam hinwegschmolz, den verlassenen Boden sich neu mit Urwald, Sumpf und Wiese bedecken und die südwärts verdrängte Tierwelt heimkehren ließ. Die letzte Eiszeit, also die dritte oder vierte ihrer Art, endigte vor ungefähr 15000 Jahren; für die vorhergehenden Eis- und Zwischenzeiten („Glazialzeiten" und „Interglazialzeiten") können wir keine annähernd zutreffenden Jahresziffern angeben. Sylt wurde von der letzten Vereisung nicht erreicht; deren Inlandeis kam, aus dem Ostseegebiet herangerückt, ungefähr längs der schleswig-holsteinischen Landesmitte zum Stehen und schmolz von da zurück. Aber die erste und vor allen Dingen die zweite oder Hauptvereisung (die „Elstervereisung" und

„Saalevereisung“ der Geologen) verwüsteten die Gegend, in der heute Sylt liegt, und lagerten ihre Moränen darauf ab. Ob zwischen die zweite (Saalevereisung) und die letzte (die sog. „Weichselvereisung“ der Geologen), die dann die vierte gewesen wäre, noch eine dritte, die von einigen angenommene „Warthevereisung“ einzuschieben ist, mag einstweilen strittig bleiben.

Während der ersten, der „Elstereiszeit“, scheint zuerst ein norwegisches und alsdann auch ein baltisches Inlandeis Sylt erreicht zu haben. Die Wirkungen der nachfolgenden, besonders mächtigen „Saalevereisung“ haben aber die Moränen des Elstereises teils zerstört, teils unter so mächtigen andersartigen Schutt vergraben, daß sie nur an wenigen Stellen und unter günstigen Umständen sichtbar werden. Das ist gelegentlich nach Sturmfluten in der Basis des Kliffs bei den Buhnen 9 und 10 in der Nähe von Wenningstedt der Fall gewesen. Da gab es dann massenhaft den berühmten „Rhombenporphyr“ aus der Gegend von Oslo, ein dunkelviolettes Gestein mit helleren rautenförmigen Feldspatflecken, als „Geschiebe“ in dieser untersten Moräne aus sandigem Lehm zu sammeln, die jenes älteste Inlandeis bis hierher aus ihrer Fjordheimat verschleppt hat. Das etwas später von Ostnordost eingetroffene baltische Eis der Elstervereisung dagegen brachte eine ganz abweichende Geschiebegesellschaft herbei, nämlich vorwiegend schwedische, westfinnische und Ostseegesteine aus dem Raum zwischen dem schwedischen und dem finnischen Festland. Unter ihnen sind auch für den Laien leicht erkennbar die „Rapakiwi“-Geschiebe aus der Gegend der heutigen Aalandsinseln. Das sind rötliche Gesteine mit eigentümlichen grauen, heller umrandeten Flecken aus Feldspat, die Ähnlichkeit mit den Speckstücken in einer Rotwurst aufweisen. Das Gestein ist eine Abart von Granit. Dazu gesellen sich eine ganze Reihe für den Geologen gut erkennbarer Porphyrarten und sonstiger Gesteine, die in Dalarne und anderen mittel- und südschwedischen Landschaften ihr „zu Hause" haben. Man stelle sich vor, wieviele Jahrtausende sie, eingefroren in die Sohle des überaus langsam gleitenden Gletschereises, zu ihrer Reise von dort bis nach Sylt gebraucht haben! Wenn man sich dann weiter vorstellt, daß das ganze, in seinen Zentralgebieten sicherlich volle zweitausend Meter dicke Inlandeis sich unter stetigen sommerlichen Schmelzverlusten aus den auch zu jener wilden Zeit kaum wesentlich vermehrten Niederschlägen Zentimeter für Zentimeter aufbauen mußte — in Norddeutschland beträgt die Niederschlagshöhe nur 50—70 cm im ganzen Jahr —, so bekommt man eine Ahnung von der Dauer der Elster-Eiszeit und der beiden (oder gar drei) späteren Eiszeiten.

Als die erste milde Interglazialzeit anbrach und das Elstereis langsam hinwegtaute, um sich in tausenden von sommerlichen Schmelzwasserströmen wieder mit dem Meere zu vereinigen, dem letzten Ende alles Eis und alles Wasser auf Erden entstammt, da scheint dieses Meer alsbald in das verlassene Gebiet eingedrungen zu sein und einen Teil desselben überflutet zu haben. Wir kennen einen alten Meereston aus jener Zeit von verschiedenen Stellen des westschleswigschen (sowie des südholsteinischen und nordhannöverschen) Festlandes; ganz besonders schön ist ein solcher durch große Ziegeleitongruben bei der nicht weit von Sylt entfernten dänischen Stadt Esbjerg aufgedeckt. Auf Sylt selbst wurde beim Bahnbau östlich der Station Morsum eine Ablagerung von tonigem Sand angeschnitten, in der sich Muschelarten der nördlichen Nordsee vorfanden, die zu den bei Esbjerg vorkommenden zu passen scheinen, so daß man an eine Altersbeziehung zwischen beiden Vorkommnissen denken könnte; leider war der Aufschluß nur sehr klein und ging mit dem Fortschritt des Bahnbaus wieder verloren. Oben auf dem Muschelsand ist damals Schwemmsand mit Holzgeröll und torfigen Teilen zu sehen gewesen, so daß man sich eine allmähliche Wiederverlandung jenes flachen Meeresteils und die Entstehung eines sumpfigen Uferwaldes in der Nachbarschaft vorzustellen hätte. Das Ganze ist von einem eiszeitlichen Geschiebesand zugedeckt und durch die Schubkraft eines darüber hinweggeglittenen Inlandeises — vermutlich der Saalevereisung — aus seiner natürlichen Lagerung schräg herausgedrückt. Merkwürdige Vorgänge, die zunächst noch ein Geheimnis des Morsumer Bodens bleiben, bis die Wissenschaft bessere Gelegenheit bekommt, sie aufzuklären.

Nach dieser hellen und friedlichen Zwischenzeit holte die Natur zu ihrem größten eiszeitlichen Vernichtungs- und Umgestaltungswerk aus, indem sie die „Hauptvereisung" oder Saalevereisung in Erscheinung treten ließ. Damals muß die tiefste oder doch am längsten währende Temperaturerniedrigung stattgefunden haben, die die am weitesten ausgedehnte aller nordeuropäischen Vereisungen nach sich zog. Das skandinavisch-finnische Inlandeis breitete sich damals in Norddeutschland bis an den Fuß der Mittelgebirge und in deren nach Norden offene Täler aus, es drängte den Niederrhein aus seiner alten Nordrichtung zur Zuidersee nach Westen ab, erfüllte die ganze untiefe Nordsee und stieß an der britischen Küste mit dem dortigen Inlandeis zusammen. Die Stelle, an der sich später Sylt herausgestaltete, mag unter der Last einer vielleicht 1000 m dicken Gletscherdecke Zehntausende von Jahren hindurch begraben gewesen sein. Das bedeutet einen Druck von etwa 90 Atmosphären auf den Untergrund, sechsmal so viel als der Kesseldruck einer Lokomotive! Man glaubt deshalb, daß der vom Inlandeis belastete Teil der Erdkruste, dessen zentralere Gebiete einen Druck von mindestens 200 Atmosphären zu ertragen hatten, nicht unerheblich eingedrückt gewesen sei und sich nach jeder Eisentlastung, also in den „Interglazialzeiten" und in der Nacheiszeit um annähernd das gleiche Maß wieder gehoben habe. Wir kommen auf diese Erscheinung noch zurück.

Es ist gegenwärtig noch nicht völlig aufgeklärt, ob gewisse Moränenbildungen in Norddeutschland und Südjütland, die ihrem Alter nach zwischen die jüngste Vereisung, die sog. „Weichselvereisung" und die eben besprochene „Saalevereisung" eingeordnet werden müssen, nur einen gesonderten letzten Vorstoß dieser letzteren repräsentieren, oder als Hinterlassenschaft einer völlig selbständigen Vereisung gelten können. Im letzteren Fall hätten wir mit vier Vereisungen, nämlich der Elster-, Saale-, Warthe- und Weichselvereisung zu rechnen, von denen die drei ersten Sylt bedeckt hätten, während die letzte nur noch Ostschleswig überzog und an der großen Mittelebene der Halbinsel Halt machte. Im ersteren Fall dagegen hätte Sylt nur zwei Vereisungen über sich ergehn lassen, nämlich die Elster- und die Saale-Vereisung, welch' letztere auf ihrem Rückzuge Sylt eine kurze Weile geräumt und dann noch einmal vorübergehend mit dünner, vielleicht nur ein paar hundert Meter starker Decke überzogen hätte, um alsdann völlig abzutauen. Wir wollen uns nicht mit einer den augenblicklichen Forschungsstand widerspiegelnden Erörterung des Für und Wider aufhalten, sondern die höchst interessanten Erscheinungen betrachten, die das Gefüge unserer eiszeitlichen Ablagerungen sachlich darbietet.

5. Das Rote Kliff, eine gealterte und verwitterte Moräne.

Bei den seltenen Gelegenheiten, wo das Rote Kliff durch Sturmflut freigewaschen und frisch angeschnitten ist, sieht man über den bereits besprochenen ältesten Moränenresten im Kliffuß eine Ansammlung kleiner Steingerölle, die deutliche Spuren einer Abschleifung durch Flugsand erkennen lassen. Es sind ihnen durch den ewigen Westwind mittelst des treibenden scharfen Sandes zwei, drei, oder noch mehr glatte Fazetten und Grate angeschliffen, je nachdem, wie oft sie ihre Lage dabei verändert haben. Das kann unmittelbar nach ihrer Ablagerung in der ältesten Eiszeit geschehn sein, als das Eis geschwunden war und der noch nicht wieder von Pflanzen besiedelte Boden einige Zeit hindurch den Winden preisgegeben lag, — es kann auch in der darauf folgenden Interglazialzeit oder dicht vor Anbruch der nächsten Vereisung gekommen sein, wir wissen es nicht genau. Über dieser merkwürdigen „Sandschliffzone" aber folgt dann eine mächtige, hie und da von Sandnestern und Sandschichten durchzogene Lehmbank von grauer bis rötlichbrauner Farbe, in der viele kleine und große Geschiebe stecken. Das ist die mächtige „Hauptmoräne", wie wir sie schlechtweg nennen wollen, indem wir die Frage, ob sie der Saalevereisung, oder, wie von Fachseite auch behauptet wird, ganz und gar der Warthevereisung angehört, unentschieden lassen. Ihr Geschiebeinhalt beweist, daß sie von einem Inlandeis abgelagert ist, das nicht von Norwegen, sondern von den schwedischen Gebieten Skandinaviens und den angrenzenden Ostseegründen seinen

Ausgang genommen hatte. Jedenfalls ist sie eine recht alte Moräne, denn sie ist außerordentlich stark verwittert, so stark, wie nur wenige andre in Schleswig-Holstein. Nirgends findet man in ihr einen Kalkstein, und doch muß sie ursprünglich eine Menge feinen Kalkschlamm und zahlreiche Kalksteingeschiebe enthalten haben, die jenes Inlandeis von den schwedisch-baltischen Kalkgründen abgescheuert und zusammen mit all den andern Gesteinen, an seiner Sohle eingefroren, herangeschleppt haben muß. Aber der Kalk hat sich aufgelöst, und nur die unlöslichen Feuersteine, Sandsteine und Quarzite und die zahllosen schwer verwitterbaren „krystallinen" Gesteine, die Granite, Porphyre, Gneisse usw. sind erhalten geblieben. Das ewige Wechselspiel der Austrocknung und Durchfeuchtung durch die Regenfälle der Jahrtausende bei Wind und Sonnenschein, Kälte und Hitze, der Einfluß der Vegetationen von oben und der Sicker- und Grundwässer von unten her hat die Moränenerde langsam bis in alle Poren hinein chemisch und physikalisch angegriffen. Ihr Mineralbestand ist teils, wie der Kalk, gänzlich aufgelöst und ausgewaschen, teils morsch gemacht, umgewandelt, erweicht oder doch verfärbt. Nur wenige Bestandteile, z. B. der unverwüstliche Quarz, sind unverändert geblieben. Da es unter den Mineralkörnchen des Bodens zahlreiche eisenhaltige gibt, so ist sehr viel Eisenrost entstanden. Der ursprünglich graue Lehm hat dadurch eine braune bis braunrötliche Färbung angenommen. Darauf beruht jener wundervoll warme rötliche Ton, der besonders in der Nachmittags- und Abendsonne hervortritt und dem Kliff seinen Namen „Rotes Kliff" eingetragen hat. An manchen Stellen, namentlich an der Grenze von Sandeinschaltungen, findet man auch richtige kleine

Eisenerzkrusten und leuchtend rote Ockerausscheidungen, mit denen die Sandkörner verklebt sind.

Der Klifflehm ist verhältnismäßig mager und dadurch befähigt, Wasser in sich aufzunehmen. Dadurch gerät er in einen breiigen Zustand; die aufgeweichten äußeren Teile fließen langsam herab und auseinander, die oberen Teile der Kliffwand verlieren ihren Halt, stürzen ab oder sinken nischenförmig ein. So entsteht eine mächtige Schuttböschung, die dem Kliff bis zur halben Höhe angelagert ist und nur in größeren Jahresabständen von besonders kräftigen Sturmfluten hinweggeräumt wird.

Auffällig ist im Vergleich mit andern Grundmoränen Schleswig-Holsteins die Magerkeit der Hauptmoräne von Sylt. Sie mag teilweise auf einem ursprünglich erhöhten Sandgehalt beruhen, der dadurch entstanden ist, daß das sie erzeugende Inlandeis über weite Flächen von Kaolinsand hinwegglitt und seine Grundmoräne mit diesem anreicherte. Zum Teil ist sie aber sicherlich eine Alterserscheinung. Bei der Verwitterung werden nämlich allmählich die feinen Tonteilchen nach unten und seitwärts fortgeschlämmt. Dieser Vorgang ergreift zunächst die oberflächlichen Teile des Lehms und dringt allmählich immer tiefer, bis schließlich, wenn nur Zeit genug zur Verfügung steht, die ganze Masse durch und durch magert. Diese merkwürdige Erscheinung wird leichter verständlich, wenn man bedenkt, daß durch die allmähliche Auflösung der 10—20% des Lehms ausmachenden Kalkteilchen und durch die Verwitterung vieler andrer Bodenbestandteile fortwährend Raum frei wurde und eine unaufhörliche, wenn auch überaus langsame Bewegung der Bodenteilchen entstand.

So ist also das Rote Kliff in voller innerer Auflösung begriffen und bietet uns ein selten klares Beispiel für die Alterung unseres Heimatbodens; manche Steine darin sind schon so morsch, daß man sie mit dem Fuß zertreten kann, andere zeigen eine dicke mürbe Rinde, unter der noch festes gesundes Gestein sitzt, noch andere endlich sind hart und scheinbar unverändert geblieben. Das Meer spült sie heraus und begräbt sie, und in seinem Schoße bleiben sie dann für lange Jahrtausende wieder geborgen.

Angesichts dieser Greisenhaftigkeit der Sylter Hauptmoräne liegt der Gedanke sicherlich sehr nahe, sie der weit zurückliegenden Saalevereisung zuzuschreiben und höchstens den oberen Teil, der sich sowohl am Kliff nördlich von Westerland wie in der großen Tinnumer Deichsandgrube durch eine weithin verfolgbare Sand-Zwischenschicht abgesondert zeigt, der Warthevereisung zuzurechnen, mag diese nun lediglich einen Spätvorstoß der Saalevereisung oder eine selbständige Inlandeisbildung vorstellen.

6. Fernwirkungen der letzten oder „Weichsel-vereisung" auf Sylt.

Damit enden die Moränenbildungen von Sylt, nicht aber die dortigen eiszeitlichen Bildungen überhaupt. Es hat ja noch eine letzte, die Weichseleiszeit stattgefunden, und wenn sie der Insel auch keine Inlandeisbedeckung mehr gebracht hat, so hat sie doch äußerst interessante Spuren andrer Art auf ihr hinterlassen, die wir am besten wiederum am Westerland-Wenningstedter Kliff studieren.

Ungefähr halbwegs zwischen beiden Orten hebt sich im ansteigenden Kliff als Basis der Dünen eine dicke schwarze Bodenschicht heraus. Sie ist ein alter Vegetationsboden, der vor der Dünenbildung entstanden und unter dem Schutz der letzteren besonders gut erhalten ist. Wo sie unversehrt ist, hat sie eine Dicke von ungefähr 50—60 cm und besteht zu oberst fast nur aus humusreichem Sand, darunter aber aus steinigem Sand. Hinter dem Hotel zum Kronprinzen und von da aus weithin auf dem Roten Kliff ist sie freigeweht und ihrer sandigen Oberschicht beraubt, sodaß sie wie ein Steinpflaster erscheint, das eine ebene schwarze Tenne bildet. Tausende von kleinen und kartoffel- bis faustgroßen Steinen setzen dies Pflaster zusammen, und hier und da steckt ein größerer Findling darin oder ragt daraus hervor. Sieht man genauer zu, so bemerkt man an der Kliffkante, daß das Steinpflaster seinerseits nur den Kopfteil einer etwa $^1/_2$—$^3/_4$ Meter starken, höchst merkwürdigen Bodenschicht bildet, die eine ganz sonderbare, gekröseartige Struktur aufweist. Lehmige Erde bildet zahllose kleine Taschen und Falten in durcheinander gewundenen Formen, deren Inneres gewöhnlich mit einer mehr sandigen Masse gefüllt ist. Abwärts geht dieser Gekröseboden in ungestört horizontal lagernde kiesige, sandige und lehmige Schichten über. Es sieht so aus, als ob in dem Gekröseboden die Steine nach oben gewandert und dort zu jenem eigenartigen Pflaster vereinigt wären.

Wir haben hier einen eiszeitlichen Strukturboden vor Augen, einen Boden, wie man ihn gegenwärtig im hohen Norden, in Lappland, auf Nowaja Semlja und Spitzbergen findet. Auf Sylt hat er sich während des kalten Klimas der Weichseleiszeit gebildet. Die Erde war damals das ganze Jahr hindurch tief gefroren. Im Sommer taute sie nur bis zu etwa $^1/_2$ oder $^3/_4$ m hinab auf und bildete, da das Tauwasser durch die betonartig gefrorene Unterlage nicht absickern konnte, stets lange Zeit hindurch einen weichen Brei. Man kann im zeitigen Frühjahr, wenn der Unterboden noch gefroren und die Ackerkrume bereits in der Märzsonne aufgetaut ist, eine ähnliche, nur weniger tiefgründige Art von Erdbrei auch bei uns kennen lernen. In dieser aufgeweichten eiszeitlichen Bodenmasse, die sicherlich oftmals durch energische Spätfröste wieder zum Gefrieren gebracht wurde und den Prozeß des Auftauens und Vereisens alljährlich in vielfacher Wiederholung durchmachte, gingen allerlei Teilbewegungen vor sich, die jene merkwürdige Fältelung und Stückelung der Einzelschichten sowie die Ausstoßung des Steingehaltes an die Oberfläche zur Folge hatten. Die wiederkehrende Vegetation lieferte alsdann den Humus zur Schwärzung und Verkittung der sandigen Oberschicht über dem Steinpflaster. Ob diese etwa 20—30 cm starke Oberschicht ebenfalls noch den eiszeitlichen Gefrier- und Auftauvorgängen ihre

Entstehung verdankt, also als gesetzmäßiges feines Endglied der inneren Bodensonderungen von damals anzusehen ist, oder ob sie einen leichten aufgewehten Flugsandschleier aus der gleichen oder etwas späterer Zeit darstellt, mag dahingestellt bleiben. Die eigentlichen Dünen oben auf dem Kliff sind jedenfalls erst sehr viel später entstanden.

7. Gewaltige Druckwirkungen des Inlandeises; die Riesenschollen im Morsumkliff.

Noch eine andere, außerordentlich eindrucksvolle Erscheinung können wir an der Hauptmoräne studieren, nämlich die Wirkung des ungeheueren Druckes und der Schiebekraft, die das Inlandeis auf seinen Untergrund ausgeübt hat. Das Inlandeis bewegt sich ja in ganz ähnlicher Weise und nach denselben physikalischen Gesetzen wie ein Gletscher. Es ist unter seinem Eigengewicht offenbar halbplastisch, und zwar je tiefer desto mehr, während die oberen Teile starr bleiben. Deshalb kann es sich auch niemals ins Ungemessene verdicken; es fließt wie ein steifer Brei, etwa wie juliheißer Asphalt, auseinander. Man schätzt die Dicke des grönländischen Inlandeises auf etwa 2000 m; diejenige des diluvialen nordeuropäischen Inlandeises ist für die Zeit seiner größten Ausbreitung in den zentralen Gebieten desselben, z. B. in der nördlichen Ostsee auf ebensoviel, an der südlichen Ostseeküste auf etwa 1000 m zu veranschlagen. Bis zu der Tiefe nun, bis zu welcher der Boden unter dem vorrückenden Inlandeis dauernd gefroren war — und das mögen etwa 40—60 m gewesen sein —, hatte er eine Neigung, unter der Schubkraft des Eises in große, starre Schollen zu zerbrechen, die recht wenig biegsam waren. Sie wurden schräg aus ihrem Verbande emporgepreßt und mit den Enden über einander geschoben. Derartige Verhältnisse sind zuerst an dem von der Nordsee auf 8 Kilometer Länge und etwa 60 m Höhe in seinem ganzen inneren Bau wundervoll aufgeschnittenen Lönstrup-Klint im nördlichen Jütland richtig erkannt und aufs genaueste dargestellt worden. In Deutschland bietet die Steilküste von Rügen mit ihren riesigen Kreideschollen ähnliche, aber wissenschaftlich lange umstritten gewesene Einblicke, und ähnlich ist es auch mit dem berühmten Morsumkliff auf Sylt ergangen, für dessen großartigen Schuppenbau manche Geologen noch nicht den rechten Maßstab und die erforderliche Größe der Anschauung aufzubringen vermögen.

Immer noch versuchen sie, dieses Preßwerk eiszeitlicher Bodenschollen in seiner Grundform auf langsame Erdkrustenverschiebungen ähnlicher Art zurückzuführen, wie sie sich im Zusammenschub der Alpen und mancher mitteldeutscher Gebirge offenbaren. Nun soll keineswegs geleugnet werden, daß in den nicht zählbaren Jahrhunderttausenden seit der Ablagerung des Kaolinsandes ziemlich beträchtliche Verschiebungen von Großschollen des schleswigholsteinischen Bodens gegen einander stattgefunden haben, aber dies waren verhältnismäßig einfache Hebungen und Senkungen oder auch einseitige Neigungen, nicht aber solche Pressungen und Überstülpungen, wie wir sie am Morsumkliff wahrnehmen, und wie sie gerade für die Moränen der Großgletscher und des Inlandeises charakteristisch sind. Es mag aber sein, daß durch Erdkrustenbewegung bereits einige Höhenunterschiede geschaffen waren, die dem Inlandeis Gelegenheit gaben, widerstrebende Hügel und Abhänge anzupacken, zu zersprengen und neu aufzutürmen. So sehen wir denn am Ostende des Morsumkliffs den Glimmerton plötzlich emporgebäumt und mit seinem abgerissenen Ende schräg auf den Kaolinsand hinaufgeschoben, obwohl er eigentlich nach unten und der Kaolinsand nach oben gehört. Das wiederholt sich westwärts noch mehrere Male, und so wechseln Kaolinsand und Glimmerton in breiten Riesenschuppen mit einander ab, zum letzten Mal an jener merkwürdigen Stelle, wo im Vorstrand ein eisenschüssiges Sandsteinriff schräg ins Watt sich erstreckt. Dieses Riff besteht nicht aus dem gleichen Limonitsandstein, wie die große braune Felsecke im östlichen Teil des Kliffs, die wir bereits beschrieben haben, sondern aus einer höher liegenden Schicht des Sandes, die lediglich durch Sickerwasserlösungen aus dem an Schwefeleisen und Glaukonit reichen Glimmerton mit Eisen angereichert und gesteinsmäßig verkittet ist. Sie streicht ziemlich genau nach Nordwesten. Daraus kann man schließen, daß der Druck des Inlandeises aus Nordosten gewirkt hat; dies ist also die Bewegungsrichtung jener Eismasse gewesen, die das Morsumkliff aufgetürmt hat. War das nun das Eis der Saalevergletscherung oder der Warthevergletscherung, und war die letztere nur eine Spätphase der ersteren oder eine selbständige Vereisung? Abermals stehen wir vor derselben Frage; überlassen wir sie den Geologen!

Eine von den Überschiebungen des Morsumkliffs kommt auch in der großen Sandgrube für den Deichbau (1936/37) an der Südseite der Bahn östlich von Morsum zum Vorschein, und zwar inmitten der Westwand. Der Kaolinsand, der diese Wand fast ganz beherrscht, ist nach anfangs ebener Lagerung mit zunehmender Steilheit abwärts geneigt, sodaß seine Schichten alsbald auf dem Kopfe stehen; schließlich schießen sie schräg unter eine horizontale Scholle des gleichen Sandes ein. Wäre die Grube 30 oder 40 m tiefer, so würde man an diesem Ende wohl den untersten Kaolinsand unter einen Zipfel Glimmerton einschießen sehen, ganz ähnlich, wie es am Strande der Fall ist.

Die Morsumhöhe auf Sylt hat damit denselben eiszeitlichen Schuppenbau wie viele Höhen der alten schleswig-holsteinischen Geest, z. B. der Stollberg bei Bredstedt, der Höhenrücken von Norder- und Süderstapel und die Höhe von Burg in Ditmarschen, die alle drei bei der Anlage von großen Bahneinschnitten eine ähnliche innere Struktur offenbart haben.

Auch an anderen Stellen von Sylt gibt es dergleichen gelegentlich zu sehen, z. B. in der Sandgrube beim Elektrizitätswerk von Westerland und nahe dem Nordende des Roten Kliffs bei Kampen. Dort ist z. Zt. (1937) eine Auffaltung des Geschiebelehms und in der Nachbarschaft auch die Überschiebung einer Geschiebelehmbank auf die andere unter Auswalzung des sie scheidenden Sandmittels zu beobachten. Das Inlandeis hat hier seine eigene, eben abgelagerte Grundmoräne aufgewürgt!

8. Der zwischeneiszeitliche „Tuul" und das „Eem-Meer".

Am Westerländer Strande findet man zuweilen ziemlich große Stücke eines besonders festen Torfes angespült, die meist von Bohrmuschelgängen durchlöchert sind. Die Einheimischen nennen diesen Torf in ihrer Syltringer Sprache „Tuul". Die Wellen haben ihn stückweise von einer Torfschicht losgebrochen, die ehemals ziemlich weit draußen im Vorstrande unter dem Seesand als Kante hervortrat und bei tiefer Ebbe zugänglich war. Vom Vorstrande aus erstreckt sich der Tuul im Untergrunde landeinwärts; er ist unter dem niedrig gelegenen Nordteil von Westerland in der Gegend von Buhne VII und der Nachbarschaft des Krankenhauses bis in die Kurhausgegend und ostwärts nach Süderhedig bei der Anlage von Brunnen in 2—6 m Tiefe ziemlich oft angetroffen und bildet dort offenbar ein zusammenhängendes Lager. Das ist jener Teil von Westerland, in den eine weite flache Talmulde ausmündet, die man auf der Chaussee ungefähr mittwegs zwischen Munkmarsch und den Tinghügeln durchquert und die sich somit fast über die ganze Inselbreite bis zum Weststrand erstreckt. Es gibt noch mehr solche alte Talungen auf der Insel, die jetzt stromlos sind und sich aus den heutigen Reliefverhältnissen nicht erklären lassen; eine derselben zieht z. B. durch Wenningstedt, eine andere, allerdings schmäler und schärfer geschnittene und nicht ganz wasserleere begleitet die Landstraße von Westerland nach Tinnum an ihrer Südseite. Diese letztere ist wohl auch jünger als die vorgenannten.

Man hat nun den Tuul botanisch untersucht und darin unter allerlei wohlbekannten auch einige nicht im heutigen Schleswig-Holstein heimische Pflanzen entdeckt. Dazu gehört die Fichte (unser Weihnachtsbaum), die erst vor etwa 300 Jahren aus Mitteldeutschland eingeführt ist und in den alten Mooren der Provinz niemals gefunden wird. Von ihr hat der Tuul Holz, Reiser, Nadeln und eine Menge Zapfen geliefert. Ferner gehört dazu das merkwürdige, jetzt in Ostasien und dem östlichen Nordamerika beheimatete Seerosengewächs Brasenia purpurea, das in Europa ausgestorben ist, sowie das gleichfalls amerikanische Sumpfgras Dulichium spathaceum. Zum großen Teil ist aber der Tuul ein aus Moosresten bestehender, baumarmer Hochmoortorf.

Es hat sich ferner bei Nachgrabungen erwiesen, daß der Tuul nirgends von der Hauptmoräne bedeckt wird, wohl aber von Fließerde, die von dieser herabgekommen ist, also von dem schon beschriebenen merkwürdigen Strukturboden und seiner Steinsohle; ja, es sind sogar Teile des Tuuls in die Taschen und Fältelungen des Strukturbodens mit hineingezogen. Der Tuul ist also zwar jünger als die Hauptmoräne, aber älter als der Strukturboden, und da dieser, wie wir schon darlegten, ein Erzeugnis der baumlosen Tundra während der langen Kälteperiode der „Weichseleiszeit" ist, so muß der Tuul der vorhergegangenen Zwischeneiszeit seine Entstehung verdanken. Er mag also an die hunderttausend Jahre alt sein.

Die Niederung, in welcher der Tuul verborgen liegt, erstreckte sich westwärts wahrscheinlich bis an das damalige Meer, von dem wir in Nordfriesland und auch unter einem Teil von Sylt charakteristische Absätze kennen. Es war das sogenannte „Eem“-Meer, benannt nach dem Tal der von Süden in die Zuidersee mündenden Eem, aus dem zuerst Ablagerungen dieses Meeres der letzten Interglazialzeit wissenschaftlich beschrieben sind. Das Eem-Meer ist der letzte Vorläufer der heutigen Nordsee gewesen und war ihr, wenn auch nicht in den Umrissen, so doch in Bezug auf seinen klimatisch-biologischen Charakter schon recht ähnlich. Die Mehrzahl der darin lebenden Muscheln, Schnecken, Fische usw. leben auch heute noch in der Nordsee, und es befand sich unter ihnen nur eine jetzt ganz ausgestorbene Art, die Teppichmuschel Tapes eemiensis, die größer und kräftiger war als der heute in der Nordsee lebende Tapes aureus, dem sie in der Form außerordentlich ähnelt. Ferner beherbergte das Eem-Meer eine Anzahl von Muschelarten, die heutzutage die milden Gewässer der Südwestküste von England, der Biskaya und des südlichen Nordatlantik bei Portugal bewohnen. Das Nordseewasser muß also damals nach der langen Kältezeit der älteren Eiszeiten nicht unerheblich wärmer als heute und auch wärmer als in der älteren Interglazialzeit gewesen sein, von der die schon beschriebenen Ablagerungen bei Morsum und Esbjerg Kunde geben. Das beruhte im Wesentlichen wohl darauf, daß das Eem-Meer stärker unter dem Einfluß des damals zum ersten Mal seit der mittleren Tertiärzeit wieder weit geöffneten englischen Kanals als unter demjenigen des Nordmeereingangs zwischen Shetland und Norwegen stand, welcher der gegenwärtigen deutschen Nordsee das biologische Gepräge gibt. Ablagerungen des Eem-Meeres finden wir unter Hörnum, List und Teilen der Dünennehrung zwischen Kampen und List — hier, wie es scheint aus etwas kühleren, schlickigen Meerestiefen („Cyprinen-Ton“) —; sie erstrecken sich unter dem östlich und südlich gelegenen Marschen- und Halliggebiet bis weit unter das Festland hinein, überall in 10—30 m Tiefe unter NN und daher nur aus Bohrungen, nicht von der Tagesoberfläche bekannt. Sylt ist ganz von ihnen umgeben. Daraus ersehn wir, daß Sylt damals zum ersten Mal Inselgestalt hatte, allerdings eine recht viel andere als jetzt, denn die beiden großen Dünennehrungen nach Hörnum und List hinaus existierten noch nicht und das niedrige Moränenland reichte weiter nach Westen und Süden als jetzt. Die oben beschriebenen alten Talungen sind die Überreste des Talnetzes auf dem damaligen Sylt.

9. Sylt nach der Eiszeit; der Untergang des Nordseelandes.

Mindestens 25000 Jahre sind seit dem Höchststande der letzten nordeuropäischen Vergletscherung (Weichselvereisung) und vielleicht 15000 Jahre seit dem Zeitpunkte verflossen, wo diese die letzten Teile des norddeutschen Festlandes räumte und sich durch das nachmalige Ostseegebiet auf Skandinavien zurückzog.

Das Gebiet des Eem-Meeres war schon am Schlusse der vorangegangenen Interglazialzeit trocken gelegt und während der Weichseleiszeit, die ja die Nordsee nicht unter Inlandeis setzte, größtenteils baumlose Tundra gewesen. Die ganze südliche Nordsee samt dem Kanal lag damals trocken und wandelte sich nach der Eiszeit zunächst in ein großes, noch kühles und lichtes Waldland um, das von ausgedehnten Flachmooren und den Läufen der wohl erst jenseits der Doggerbank mündenden deutschen und ostenglischen Flüsse durchzogen war. Sylt war nicht mehr Insel, sondern Teil eines großen Festlandes, in dem es eine überragende Höhe bildete. Jagende vorgermanische Menschenhorden durchschweiften das Land, anfangs — in der Tundra- und frühesten Baumzeit — dem Rentier, später dem Elch, Rothirsch, Wildschwein und den übrigen uns bekannteren Wildarten nachstellend. Sicherlich hat es auch schon in der Eemzeit Menschen gegeben, aber wir kennen in Sylts Nachbarschaft keine Spuren von ihnen; wir kennen dort nur die Flintwerkzeuge aus dem Schlußabschnitt der älteren Steinzeit menschlicher Kultur, die im späteiszeitlichen Steinpflaster auf dem Roten Kliff verstreut liegen, und alsdann die viele Jahrtausende jüngeren aus der Zeit der ältesten Sylter Hünengräber.

Zur selben Zeit, als das Klima wieder vollwarm wurde, fiel das Nordseeland nach und nach der Meeresflut zur Beute, die langsam von Norden nach Süden und Osten vorrückte. Als das Festland sich mit üppigen Mischwäldern aus Eichen, Linden, Hainbuchen, Haseln, Ahorn, Rüstern, Erlen usw. bedeckt hatte, die den eintönigen Birken-Kiefernwald der frühesten Nacheiszeit verdrängt hatten, da erreichte der Saum des Meeres bereits unsere heutigen Küstengebiete, ertränkte die Ebenen und benagte die Höhenzüge. Es ist schwer zu sagen, welche unter den zusammenwirkenden Ursachen den Hauptanteil an dieser Überflutung des alten Nordseelandes gehabt hat, ob eine Anschwellung des Weltmeerspiegels durch das Schmelzwasser der schwindenden polaren Eiskappen, oder eine allgemeine, örtlich noch vielleicht verstärkte Senkung des Bodens in den betroffenen Gebieten. Während der Weichseleiszeit waren nicht bloß in Nordeuropa, sondern auch in Nordamerika und auf dem Südkontinent ungeheure Inlandeisdecken vorhanden gewesen, deren Verkleinerung auf ihre heutigen Reste nach der Berechnung hervorragender Geographen den Weltmeerspiegel um ungefähr 100 m erhöhen mußte. Hat man doch berechnet, daß das jetzt noch vorhandene antarktische Inlandeis, gleichmäßig auf die gesamte Erdkugel ausgebreitet gedacht, diese mit einer 40 m hohen Schicht (entsprechend 36 m Wasser) bedecken würde. In der Eiszeit war aber das antarktische Eis erheblich dicker und weiter ausgedehnt als jetzt; die Differenz liegt zusammen mit dem nordeuropäisch-asiatisch-amerikanischem Inlandeis geschmolzen im Weltmeer.

Andrerseits wurde während der Weichselvereisung nach den physikalischen Gesetzen der Erdkruste das eisbelastete Gebiet erheblich niedergedrückt und dafür das eisfreie Umland, also auch unser Nordseegebiet, entsprechend in die Höhe getrieben. Mit dem Schwinden der Eisdecke begann das Zentralgebiet wieder aufzusteigen und das Umland zurückzusinken. So ist die Küste von Angermanland in Schweden seit der Eiszeit bis 275 m gestiegen, unser Nordseeland aber um vielleicht 40—60 m eingesunken. Zu dieser sog. „isostatischen", d. h. das Gleichgewicht der Erdkrustenteile wiederherstellenden Bewegung gesellen sich noch örtliche Sonderbewegungen des Erdbodens, die mit seinem Gebirgsbau zusammenhängen und anderen Kräften und Gesetzen unterliegen als denen der Isostasie. Wir haben solche Sonderbewegungen im nordfriesischen Raume bereits bei der Besprechung des Schuppenbaues vom Morsumkliff angedeutet und werden auf sie noch weiter zu sprechen kommen.

Das Nordseeland also ertrank im Meer und Sylt wurde, wie schon zur Eemzeit, abermals Insel. Es gibt außer dem interglazialen Tuul von Westerland noch einen andern Tuul in der Steidumbucht, der keine Fichten-, Brasenia- und Dulichiumreste enthält, wohl aber Eichenholz, Haselnüsse, Eberzähne und vom Menschen bearbeitete Hirschgeweihe, die als Hacken bei der primitivsten Form des Ackerbaues, dem Hackbau gedient haben. Dieser jüngere Tuul entstammt dem letzten Teil der Festlandsperiode jenes Gebietes nach der Eiszeit und ist noch mit unter den Meeresspiegel geraten. In alter Zeit wurde er im Watt mühselig gegraben, weil es auf der wald- und moorlosen Insel sonst nur Heidekraut und getrockneten Viehdung als Feuerung gab. Auch wurde viel Salz aus dem Tuul gebrannt, indem man seine Asche auslaugte.

10. Die Entstehung der Dünen; vorübergehende Landhebung.

Sylt war also wieder Insel geworden, eine nette rundliche Insel wie ein Pfannkuchen, denn noch fehlten ihm alle Dünen und die beiden langen Dünenschwänze nach Hörnum und List hinaus. Es gab zwar schon vor der Wiederkehr der Nordsee alte Dünen in unserm Lande, die sich während der letzten Eiszeit, besonders auf den kahlen Sandebenen der Schmelzwasserströme gebildet und von dort aus große Wanderungen angetreten hatten, und von denen der Frösleer Sand bei Flensburg, die Binnendünen bei Rendsburg, Leck usw. gute Beispiele sind. Es mag auch sein, daß im Nordseelande unsern Sylt und Amrum solche Flugsande vorkamen, aber sie befanden sich nicht da, wo wir jetzt die Sylter Dünen sehn, und waren nicht so machtvoll geschart und gradlinig von Süden nach Norden ausgerichtet wie diese. Die Sylter Dünen sind vielmehr eine besondere Schöpfung, die mit der nacheiszeitlichen Meeresüberflutung und Strandbildung zusammenhängt.

Sie können auch keine untergeordnete Episode in diesem großen Zusammenhange bezeichnen, am wenigsten etwa fortlaufend beim Vorrücken der See entstanden und vor dem Strande hergewandert sein. Nur eine große Ruhepause in der Überflutung, noch wahrscheinlicher eine gewisse Erhebung des Landes oder leichte Absenkung des Meeresspiegels für längere Zeit kann eine so großartige Erscheinung ins Leben gerufen haben. Nachdem die See ihre äußersten Grenzen erreicht hatte, nämlich die Grenzen, die jetzt Marsch und Geest oder Moor scheiden, muß ein ziemlich langer Ruhezustand eingetreten sein in dem die See keine Fortschritte, sondern eher Rückschritte machte. Wir erkennen diesen Zustand sehr deutlich an den verlassenen und begrünten alten Kliffabhängen jener Zeit auf Amrum und dem östlichen, nicht neuerdings wieder angefressenen Teil von Sylt bei Braderup und Morsum sowie — undeutlicher — im Inneren bei Archsum und Tinnum. Es handelt sich um eine an der schleswig-holsteinischen Nordseeküste weit verbreitete Erscheinung. In jener Ruhepause müssen z. B. auch die großen, jetzt durch trockene Marsch laufenden Dünenhaken und Nehrungen zwischen Heide und Lunden und zwischen Michaelisdonn und Taterpfahl entstanden sein. Prof. K. Gripp, der neuerdings sehr eingehende Studien auf Sylt getrieben hat, ist sogar der Ansicht, daß die Insel vor der Ruhepause ganz beträchtlich tiefer gelegen bezw. die See höher gestanden hat als heutzutage. Er deutet kleine wallähnliche Erhebungen in der Nähe von mehr oder minder deutlichen Geländekanten bei Tinnum, Keitum, Archsum und Morsum als Strandwälle am damaligen Meeresufer. Die höchsten derselben liegen jetzt 6,25 m über NN. Um soviel, ja noch etwas mehr — denn seither ist eine erneute Senkung erfolgt — müßte Sylt also seit dem Höchststande der Nordsee bis zu jener Ruhepause sich erhoben haben. Für den Wanderer dürfte am bequemsten zugänglich der in westöstlicher Richtung quer über die Felder verlaufende niedrige Ackerrücken bei dem kleinen Anwesen am Feldweg 350 m westlich des von den Tinghügeln kommenden Landweges (nördlich von Tinnum) sein, ungefähr 200 m oberhalb der Chaussee Westerland-Tinnum-Keitum (vgl. Meßtischblatt Kampen). Die Periode der tiefen Eintauchung der Insel verlegt Gripp in den Zeitraum zwischen etwa 6000 und 3000 v. Chr., die Wiedererhebung und die Dünenbildung hätte man also bald nach dieser Zeit anzusetzen. Am leicht erhobenen Ruhestrande von Sylt, wahrscheinlich mehrere Kilometer westlich des heutigen Strandes fegte der ewige Westwind, der erst durch die vorangegangene Meeresausbreitung seinen Seewindcharakter und seine ungehemmte Kraft gewonnen hatte, eine gewaltige Dünenkette zusammen. Das Material zu dieser ersten Dünenkette nahm er vom Vorstrand und von den durch den Küstenstrom angeschwemmten, bei Ebbe trocknenden Sandbänken; es stammte letzten Endes aus dem Abbruch der Kliffe und dem aufgewühlten diluvialen Flachseeboden.

Es waren richtige Nehrungen, die damals in Angliederung an den diluvialen Mittelkörper von Sylt entstanden, und mehr noch als heute hatte das dahinterliegende Wattenmeer den Charakter einer großen Lagune. Gleichwohl darf man sich das nun nicht so vorstellen, als ob diese Lagune so friedlich dagelegen hätte, wie die beiden ostpreußischen Haffe, ein Reich der Frösche und Mücken, oder daß gar das ganze Halligmeer samt Eiderstedt und Ditmarschen ein einziges Haffidyll gewesen wäre. Es sind vielmehr die toten Nehrungen von Michaelisdonn und Lunden, die ältesten Dünenketten auf Eiderstedt, die Dünen von Amrum und die beiden Sylter Nehrungen deutlich gegeneinander versetzt; zwischen ihnen müssen sich breite Pforten befunden haben, und wenn man aus der Sandnatur der Watten im Westen von Süderoog und weiter nordwärts vielleicht auch folgern könnte, daß dort zu der hier in Frage stehenden Zeit kleine Dünenwälle gelegen hätten, die später wieder untergingen, so bedeutet all das zusammen doch keineswegs ein einheitliches, geschlossenes Nehrungssystem.

11. Erneute Landsenkung.

Reichlich 1 km südwestlich vom Südende des Dorfes Archsum liegt jetzt grade innerhalb des neuen Deiches, der „Middelmerskhuug", ein Hügel mit einem Steinkammergrab. Sein Fuß ist von Marschklei eingehüllt und in die oben offene Grabkammer schlugen vor der Bedeichung die Sturmfluten hinein. Südlich davon liegen gegenwärtig (1937) in der Kante des natürlichen Strandwalles am Wattufer noch zwei weitere Grabkammern; eine dritte, mehr nach der Mündung der Tjühlswehle hinzu, ist bereits von den Wellen zerschlagen und nur noch bei Ebbe erreichbar, und noch andere sind nur noch durch einzelne Steinblöcke im Watt angedeutet. Eine Untersuchung dieses Hünengräbergebietes zeigt, daß sie alle auf Diluvialboden gegründet sind, von dem einzelne Lehmbänke noch in der Strandwallkante zum Vorschein kommen. Die Marschdecke ist dort nur dünn und der Strandwall auffallend reich an Diluvialgeschieben. Zur Zeit der ackerbauenden Bevölkerung der jüngsten Steinzeit, also etwa 2000 vor Christo, gab es hier offenbar noch keine Marsch. Der Geestboden lag mindestens 2 m höher als gegenwärtig, dehnte sich also ziemlich weit in die Steidumbucht hinein und bot den Steinzeitbauern, den unmittelbaren Vorfahren der Germanen, noch genügend sicheren Siedlungsgrund. Er war die südliche Fortsetzung der Archsumer Geest. Sie ist seitdem versunken und von jungen Schlickschichten, eben der heutigen Marsch, bedeckt.

Der Middelmerskhuug und seine Nachbargräber bilden also eine wichtige Höhen- und Zeitmarke. Sie entstammen jener Periode einer freieren und höheren Landlage im Verhältnis zum

Meeresspiegel, die zugleich die Zeit der großen Nehrungsbildung gewesen sein muß. Wann diese Periode begonnen hat, läßt sich gegenwärtig nicht genau angeben, aber die Nordsee mag wohl schon um etwa 3000 oder 4000 vor Christo ihre erste große Ausdehnung bis zu den heutigen Geestgrenzen erreicht haben und danach wieder erheblich zurückgetreten sein, denn vor der Hünengräberzeit muß sie in dieser Gegend, wie die toten Kliffe von Braderup, Morsum und Tinnum lehren, höher gestanden haben als jetzt. Der neue Anstieg der Nordsee hat vermutlich erst in der Bronzezeit allmählich eingesetzt und bis in sehr junge Zeit angedauert. Ehe wir aber das jüngste Vordringen der See erörtern, wollen wir uns noch einer kurzen Betrachtung der Dünen zuwenden.

Infolge seines reichen Gehalts an frisch ausgeschwemmten Moränenmaterial ist der Dünensand von Sylt in manchen Lagen, besonders an windgeriffelten Oberflächen, recht grob. Korngrößen von 2 mm Durchmesser liegen dort oft angesammelt, sogar Körner von 3 und 4 mm sind nicht selten. Zerriebener Muschelgrus verleiht ihm oft einen merklichen Kalkgehalt. Die Dünen sind gegenwärtig schon weit von ihrer ursprünglichen Bildungsstätte nach Osten gewandert, und zwar auf dem diluvialen Mittelkörper zwischen Westerland und Kliffende ebenso wie auf den beiden Nehrungen. Auf dieser Flucht, bei der sie Gehöfte, Kirchen, Gärten und Äcker verschüttet haben (Rantum!), verlieren sie an ihrer Stirnseite Masse durch die notwendige Auffüllung des Watts und an ihrer Rückseite durch den Wellenfraß der sie überholenden Sturmfluten. In ruhigeren Zeiten ersteht ihnen freilich auch Nachwuchs vom Weststrande her und es wächst dabei besonders die nördliche Nehrung durch Sandzutrift vom Roten Kliff her, sodaß der Lister „Ellenbogen" beständig nach Norden bzw. Osten hinauswächst; aber es ist doch recht fraglich, ob dieser Nachwuchs auf die Dauer den Verlust wettmachen kann. Wenn die Landsenkung weitergeht, wird er es nicht können, namentlich auf der südlichen Nehrung nicht. Diese ist schon jetzt weit weniger massig als die vom Roten Kliff besser genährte nördliche und hat, besonders bei Rantum, höchst gefährdete Stellen, deren Durchbruch schlimme Folgen haben müßte, allerdings auch von unserer machtvollen Wasserbautechnik aufgehalten und im Notfall abgedämmt werden könnte. Käme die Natur ihr zu Hilfe, so wäre es anders. Man stelle sich nur die Wirkungen von ein paar Metern allmählicher Wiedererhebung des Landes wie in der Hünengräberzeit vor! Dann würden die Sandbänke südwestlich von Hörnum entlang der Außenseite des Vortrapptiefs als breiter Strandwall auftauchen und die Sylter Nehrung an ganz Amrum vorüber verlängern, und im Norden könnten die Lister Sandgebirge, wenige Pforten vielleicht offen lassend, über die Nachbarinseln Röm und Fanö bis an den Skalling heranwachsen. Auch vor Westerland würden Sandbänke emportauchen und ein schützendes Vorwerk für Kliff und Dünen bilden. Aber noch wissen wir nicht, wo die Natur hinauswill, obwohl wir auf dem Wege sind, auch dieses zu erforschen und Teile ihres Planes in die Hände zu bekommen.

12. Die Wissenschaft erspäht den Zukunftsplan der Natur.

Sehr genaue Vergleichungen der Schichtenprofile zahlreicher Bohrungen auf Festland und Inseln von Nordfriesland und den Nachbarlandschaften haben nämlich ergeben, daß ganz deutliche Schollenverschiebungen sich darin abzeichnen, d. h., daß gewisse Schollen der Erdkruste ihre Höhenlage im Vergleich zu andern Schollen langsam verändern. Einen guten Anhalt dafür bietet, wie L. H. Heck neuerdings einleuchtend dargelegt hat die ausgedehnte Decke von Schwemmsand, die während der Weichselvereisung von den wasserreichen sommerlichen Gletscherflüssen aus dem Osten der Halbinsel die Täler hinab nach Westen geflößt und dort namentlich im Untergrunde Nordfrieslands über den Ablagerungen des Eemmeeres weithin ausgebreitet wurde. Schon zeigt diese etwa 20000 Jahre alte Decke eine leichte, trogförmige Einsenkung im Wattengebiet östlich von Sylt und Föhr und unter dem westlichen Teil der festländischen Marsch. Kräftiger ist eine entsprechende Einsenkung der darunter liegenden Eemschichten, und schält man auch diese Schichten ab, so zeigt deren altglaziale Unterlage bereits eine Einmuldung von etwa 40 Metern. Es muß sich also an dieser Stelle um eine recht beharrliche Senkung seit der ältesten Diluvialzeit und, wie wir gleich hinzufügen können, auch schon seit der Miozänzeit handeln, die von den isostatischen Ausgleichsbewegungen infolge der vorzeitlichen Eisbelastungen unabhängig ist und deren Hebungsmaße verkleinert, während sie die Senkungsmaße vergrößert. Im gleichen Felde liegen aber auch die Gebiete größter mittelalterlicher Marsch- und Inselzerstörungen durch Sturmfluten, als deren besondere Ursache die Heimatforscher schon längst eine Landsenkung angenommen haben. Das Maß dieser mittelalterlichen Landsenkung wird verschieden geschätzt und ist natürlich sehr schwer zu ermitteln, weil die Mittelwasserhöhe des von Ebbe und Flut bewegten Meeres durch die unaufhörlichen Reliefveränderungen der Watten, durch Einengungen und Erweiterungen der Wasserbetten, die die andringenden Fluten benutzen, und durch andere Umstände stark beeinflußt wird. Man errechnet Senkungsbeträge von 5—30 cm im Jahrhundert. Es gibt draußen auf den Watten viele Spuren untergegangener mittelalterlicher Siedlungen, Warfen, Brunnen, Deiche, Schleusen, Gräben, Torfstiche und Ackerfurchen. Berühmt sind ja die von Andreas Busch aus Nordstrand entdeckten und sorgfältig erkundeten ertrunkenen Felder und Warfreste in der Umgebung der winzigen Hallig Südfall, die mit der sagenhaften Ortschaft Rungholt und deren Untergang in der großen „Manntränke" des Jahres 1362 in Verbindung gebracht werden. Dabei liegt Südfall noch garnicht einmal im tiefsten Teil des Senkungstroges, von dem wir oben redeten, sondern ein wenig nach dem westlichen Rande desselben hinaus. Auf der andern Seite beobachten wir, daß im östlichen Teil der Halbinsel Eiderstedt um Oldenswort die alleraltesten Köge dieser ganzen Gegend, die bereits vor nahezu 1000 Jahren eingedeicht zu sein scheinen, auffallend hoch liegen, mehrere Meter höher als die untergegangenen Feldfluren von „Rungholt". Hier scheint ein örtliches Hebungsgebiet vorhanden zu sein, worauf auch das Anstehen uralten Zechsteingebirges in nur 11 Meter Bodentiefe bei Oldenswort hindeutet.

Wir haben es also in der Frage der sogenannten neuzeitlichen Küstensenkung in Nordfriesland mit sehr verwickelten Erscheinungen zu tun, die streng auseinander gehalten und gegen einander abgewogen werden müssen: große, isostatische Ausgleichsbewegungen der Erdkruste, Schwankungen des Weltmeerspiegels und damit auch des Nordseespiegels, Gestaltveränderungen der Zugangswege der Gezeiten, örtliche Schollenbewegungen der Erdkruste, die sich hier in Senkungen, dort in Hebungen äußern, periodische Änderungen der Sturmwirbelbahnen und ihres Einflusses auf die Gezeitengrößen, und noch andere Faktoren. All dieses ist von äußerster Wichtigkeit für den Wasserbau, für Küstenschutz und Landgewinnung auf lange Sicht, und ist daher zu einem besonderen Forschungsgegenstand der Gegenwart geworden.

Die Bewegungen des Bodens sind trotz ihrer Unspürbarkeit doch groß genug, um mit den Mitteln neuzeitlicher Feinmeßtechnik erfaßt zu werden. Deshalb hat das Reichsamt für Landesaufnahme ein Feinnivellement durch das ganze Nordseeküstengebiet ausgeführt, das auf Vorschläge des Verfassers dieser Zeilen zurückgeht und 1931 beendigt worden ist. Es fand seine Ergänzung in Feinmeßstrecken durch die Marschen, die das Büro für Hauptnivellements beim Reichsernährungsministerium legte. Wenn vielleicht nach 15 oder 20 Jahren diese Messungen wiederholt werden, müssen sich die inzwischen eingetretenen Höhenveränderungen zeigen, und man wird dann ein klareres Bild über die Bodenbewegungen der Gegenwart erhalten. Auch die in neuester Zeit außerordentlich genau gewordenen Pegelbeobachtungen an der Küste werden dazu das Ihre beitragen. Immer aber wird man nur ein Bild relativer Höhenbeziehungen erhalten, denn es gibt weder auf dem Meeresspiegel noch auf dem Lande einen mit Sicherheit unveränderlich zu nennenden Nullpunkt für all diese Messungen. Ein erster Vergleich des neuen „Küstennivellements" mit jahrzehntealten früheren deutet auf zunehmende Hebung Schleswig-Holsteins von der Elbe nordwärts. Aber der Bezugspunkt dafür liegt im Gebirge bei Osnabrück und wir wissen nicht, ob er unbeweglich ist. Das Bild einer tatsächlichen Senkung kann sich z. B. in sein Gegenteil verkehren, wenn der Bezugspunkt sich inzwischen etwa um einen die Senkung übersteigenden Betrag gehoben haben sollte.

Die Erscheinungen der Wirklichkeit auf Sylt sprechen, wie wir gesehen haben, für beträchtliche Landsenkung (oder Wasserspiegelanstieg) nach der Steinzeit, und die Wirkungen der mittelalterlichen Sturmfluten lassen eine geringfügige Fortdauer derselben bis in die Neuzeit nicht als völlig ausgeschlossen erscheinen. Unter den Dünen an der Südseite Westerlands sowie bei Kliffende und auch an einigen andern Stellen Sylts ist gelegentlich alte Marsch mit Eindrücken von Rinderklauen, mit Brunnenkränzen u. dgl. freigespült worden, doch fehlen z. Zt. noch genaue Messungen ihrer Höhenlage, so daß man diese nicht als Senkungsbeweise ansprechen kann. Die jetzigen Sylter Marschen, die meist einen nicht sehr mächtigen, mageren Klaiboden aufweisen, liegen in normaler Höhe von Außendeichsländereien und konnten ja bis zu ihrer jetzt vollendeten Eindeichung ihre Höhe durch anhaltende Aufschlickung bewahren, haben aber nach Süden durch die Sturmfluten sehr viel Fläche eingebüßt. Sie greifen zwischen Keitum und Archsum quer über die Insel hinweg und nötigen Bahn und Landstraße zu erhöhter Lage auf Dämmen; von Süden her ist zwar neuerdings den Sturmfluten der Zugang in die Marsch durch den neuen Deich verwehrt, aber von Norden her ist er einstweilen noch offen. Eine schmalere, mehr tal- oder muldenförmige Marschverbindung, die ebenfalls zur Verlegung der Bahn auf einem Damm genötigt hat, besteht zwischen Archsum und Morsum. Nach Süden öffnet sich diese Verbindung frei in die dortige Marsch; im Norden, wo östlich und westlich von ihr undeutliche, niedrige Kliffe ausgebildet sind, ist es ebenfalls nicht zu einem Nehrungs-Verschluß gekommen, vermutlich weil es an entsprechender Strömung und Materialtransport gefehlt hat. Der kleine Hügel, der dort in der Talmündung liegt, scheint aus echtem Geestdiluvium mit ein wenig gelbem Geschiebelehm zu bestehen. Die drei Geestwölbungen, aus denen der Mittelkörper von Sylt besteht, sind also einfach durch Marsch aneinander geschweißt. Das Abbruchsmaterial vom Morsumkliff verteilt sich offenbar mehr nach Osten als nach Westen hinaus und trägt zum Aufbau von Nöße bei.

Die lange Rippe des Hindenburgdammes mit ihrem erfreulichen Landansatz hat Sylt für das Festland gesichert. Aber das Problem des Landschutzes liegt nicht so sehr hier, als am Weststrand der Insel. Für diesen kann man vom naturwissenschaftlichen Standpunkt nur sagen, was auch sonst in der Strategie gilt: eine rein passive Verteidigung mit Strandmauern, Buhnen usw. vermag den Kräften des Meeres auf die Dauer nicht zu widerstehen. Angriff muß mit Angriff beantwortet werden. Die Verteidigung Sylts liegt nicht an seinem Strande, sondern davor, draußen in der See.

Das Ziel muß sein, gewissermaßen ein zweites Sylt vor dem ersten aufzubauen. Bei längeren ablandigen Winden tritt zuweilen eine Sandbank in der See vor Westerland zutage, die nicht die einzige unterseeische Schwelle westlich von Sylt ist. Wenn es in Zukunft einmal möglich werden sollte, die Sandwanderung in dieser Gegend in die Hand zu bekommen und in ähnlicher Weise menschlichen Zielen dienstbar zu machen, wie dies an der Außenjade gelungen ist, so wäre ein gewaltiger Schritt zur Sicherung von Sylt geschehen.

13. Der heutige Boden von Sylt und seine wirtschaftlichen Werte.

Es gibt auf Sylt bisher keine Ziegelei oder irgend eine andere Boden-Industrie. Ton fehlt zwar nicht; man könnte auf Morsum und wenn man danach suchen würde, vielleicht auch an andern Stellen Glimmerton aufdecken, aber der ist, wenigstens in vielen seiner Schichten, kein allzu günstiges Material, da er viel Schwefeleisen enthält. Auch die Krebsknollen und ähnliche kalkhaltigen Konkretionen, die in einigen Lagen vorkommen, würden lästig sein.

Guten scharfen Bausand enthält das Diluvium und auch das Pliozän im Mittelteil der Insel. Im Norden und Süden steht nur Dünensand zur Verfügung, der wesentlich weicher und gleichkörniger ist, aber immerhin doch z. B. in den Hörnumer Dünen einen ziemlich großen Anteil der Grobsandklasse aufweist. In den Sandriffeln der Dünenoberfläche findet man sogar Körner von 3—4 mm Durchmesser in kleinen Ansammlungen.

Steine gibt es, wenn man von den plattigen Geröllen des Hochstrandes und der tiefsten Mulden in den Dünen auf Hörnum absieht, nur im Mittelteil von Sylt. Der Geschiebeinhalt des Roten Kliffs sammelt sich vorübergehend bei starkem Abbruch durch Sturmfluten am Strande an, versinkt aber rasch im Sande und bildet niemals einen derartigen Blockstrand, wie man ihn an gleichartigen Abschnitten der Ostseeküste zu sehen gewohnt ist. Eigentliche Steinlager, wie in den Moränen des schleswig-holsteinischen Ostens, hat es auf Sylt nie gegeben, obwohl sein Diluvialgebiet ursprünglich eine reichliche Blockbestreuung besessen haben muß. Die großen Findlinge dienten schon in alter Zeit zum Gräberbau. Später fanden sie für Hausfundamente und Steinwälle um Hofstatt und Garten Verwendung, wobei man schon auf den Steinschatz der Hünengräber zurückgriff. Für die großen Buhnenbauten an der Westküste mußte man meist fremde Steine nehmen; es sind vorwiegend von den Steingründen der Ostsee gezangte Blöcke. Der Hindenburgdamm ist mit rheinischem Basalt belegt, ebenso die neue Westerländer Schutzböschung. Für den bäuerlichen Bedarf genügen die Steine, die beim Urbarmachen neuer Heidestücke zutage kommen.

Als Baugrund ist der Boden von Sylt im Allgemeinen von günstiger Beschaffenheit. Bei Großbauten und namentlich bei Tiefbauten wird man natürlich auf unregelmäßige Lagerung und raschen Wechsel der Bodenart in gewissen Teilen der Geest Rücksicht nehmen müssen; hier ist unter Umständen eine sorgfältige Erkundung dieser Dinge und der mit ihnen in engem Zusammenhang stehenden Grundwasserverhältnisse geboten. Marsch- und Dünengebiete sind in dieser Hinsicht ein Kapitel für sich.

Die Grundwasserverhältnisse sind, obwohl örtlich durch die Bodenlagerung kompliziert, im großen und ganzen einfach. Die Insel besitzt soviel süßes, nutzbares Grundwasser, als sie nach Maßgabe der Niederschläge, der Bodenformen und der Bodendurchlässigkeit selbst erzeugt. Mit phantastischen, vom fernen Festland herströmenden Grundwasserzuflüssen darf der Praktiker in keiner noch so großen Tiefe und an keinem Orte rechnen, schon weil ihre Nachhaltigkeit und Verbindungsdauer ganz unkontrollierbar sein würden, wenn (unwahrscheinlicher

Weise) solche Zuflüsse einmal gefunden geglaubt würden. Auf den beiden Dünenhalbinseln bildet das süße Grundwasser Kalotten, die mit dem Meere einspiegeln und auf Salzwasser ruhen. Man wird also in der Mitte des Dünenlandes eine dickere, an den Seiten nur eine dünne Süßwasserschicht in ungefährer mittlerer Höhe des Meeresspiegels im Boden antreffen und wenn man tiefer gräbt oder bohrt, wird man in Salzwasser geraten. Ebenso wird, wenn man von dem Süßwasser mehr verbraucht, als sich durch den nach Abzug von Verdunstung, Verbrauch durch die Vegetation und Abfluß verbleibenden Niederschlagsanteil ergänzt, Salzwasser herbeigezogen. Ohnehin schon ist das Grundwasser in den schmalen Inselteilen durch verwehten Salzwasserstaub der Brandung stets ein kleinwenig mit Salz angereichert. Westerland, der Hauptort von Sylt, dessen Bevölkerung sich im Sommer vervielfacht, nutzt zur Gewinnung reichlichen süßen und ziemlich weichen Grundwassers die breiten Hochflächen nach Munkmarsch hinzu mittelst zahlreicher, großenteils über 20 m tiefer Brunnen aus.

Als Kulturboden kommt nur die Marsch, die mittelsylter Geest und eine zerstreute Zahl kleiner, z. T. etwas anmooriger Muldenflächen zwischen den Dünen in Betracht. Die Geestböden sind durchweg leicht, aber ziemlich humushaltig und insofern ertragssicher, als Dürrezeiten im Inselklima selten sind. Der Mineralboden, aus und auf dem sie sich gebildet haben, hat seit jener jungeiszeitlichen Kälteperiode, die ihn in Fließerde und Strukturboden (mit den eigentümlich taschenförmigen Strukturen) umwandelte, noch mancherlei weitere Veränderungen durchgemacht. Am stärksten hat ihn, namentlich dort, wo er aus reinem Sand besteht, die Heidevegetation verändert. Das ist sehr gut in den Sandgruben bei Munkmarsch zu beobachten. Die Krume hat sich mit schwarzem, fast torfigem, saurem Heidehumus angereichert. Die darunter liegende Sandschicht ist durch dünne saure Humuslösungen von oben her völlig zersetzt und sogar ihrer Eisenrostbestandteile beraubt, so daß sie eine eigentümlich aschgraue Farbe angenommen hat. Unter diesem bis zu 30 cm dicken entfärbten „Bleichsand" hat sich der saure Humus teils durch Verdunstung seines Lösungswassers, teils infolge chemischer Einwirkungen der frischeren Bodenmineralien zusammen mit dem Eisenrost wieder ausgeschieden und den Sand zu rotgelbem bis tief kaffeebraunem „Ortstein", einer manchmal weichen, manchmal aber auch ziemlich festen und für die Pflanzenwurzeln kaum noch durchdringbaren Masse verkittet. Erst hierunter folgt ein zunächst noch braun geaderter, dann aber gelber, sauber geschichteter loser Sand. In anlehmigem Boden bringen diese Vorgänge kein so augenfällig gegliedertes Profil hervor, sondern nur eine weniger deutliche Bleichschicht und einen mehr rostbraunen, weichen Ortstein von geringer Tiefe in Gestalt einer plattig-flaserigen Schicht, unter welcher dann brauner lehmiger Boden folgt.

Noch ist der größte Teil der Sylter Geest bis auf die unmittelbare Umgebung der Dörfer braunes Heideland, dessen urtümliche Einsamkeit den Hauptreiz der Landschaft um Kampen, Braderup, Wenningstedt, den nordwestlichen Teil von Keitum und den nördlichen Teil von Morsum bildet. Dennoch ist die Heide nicht die nacheiszeitliche Urvegetation von Sylt und keineswegs unmittelbar aus der eiszeitlichen Tundra hervorgegangen. Lehren uns schon die vielen Holzteile und die Funde von Überresten einer Waldfauna mit Wildschwein und Rothirsch im früh-nacheiszeitlichen Torf der Steidum-Bucht, daß zumindest die sumpfigen Niederungen voreinst mit Urwalddickicht bestanden waren, so bekunden die Bodenprofile von Munkmarsch, Morsum (Deichsandgrube) und anderen Stellen, daß sogar der Sandboden der Geest vor der Heidevegetation Hochwald getragen hat. Wir beobachten nämlich, daß der Ortstein dort viele pfahlartige Zapfen von rundlichem Querschnitt, die in der Mitte oft mit Bleichsand gefüllt sind, in die Tiefe sendet. Infolgedessen ist seine Oberkante ziemlich eben oder wellenförmig, die Unterkante aber sehr unregelmäßig gestaltet. Diese Zapfen rühren von den Pfahlwurzeln und Strünken eines Baumbestandes her, der vor der Heide da war. Die Pfahlwurzeln verrotteten im Boden und hinterließen aufgelockerte Stellen, in die sich später der Ortstein hinabzog. Ortstein bildet sich nicht unter Wald, wenigstens nicht unter dem Eichenmischwald unserer schleswig-holsteinischen Geest; von diesem Wald rühren vielmehr die braunen, eisenschüssig-lehmigen Adern her, die unter dem Heide-Ortsteinprofil erhalten sind. Die Heide hat erst unter dem windreichen, baumschädlichen Klima, das mit der nacheiszeitlichen Ausbreitung der Nordsee aufkam, ihre große Ausdehnung erlangt. Wahrscheinlich wurde sie dabei durch Rodungen der vorgeschichtlichen Bevölkerung begünstigt. Auch die Waldweide des Viehs, die damals üblich war, und namentlich die Haltung der Schafe, die allen jungen Baumnachwuchs verbeißen, dürfte sehr viel zur Verheidung des Landes beigetragen haben. Auch jetzt noch sind die Naturbedingungen dem Waldwuchs nicht ganz hinderlich; umsichtig gepflanzter Wald kann sehr wohl gedeihen, wie die Anpflanzungen bei Westerland durch ihr erfreuliches Wachstum beweisen.

Die Sylter Böden sind also von Natur durchweg ausgelaugte, saure Böden, die nach Kalk und Kunstdünger verlangen. Die Erntemassen, die heutzutage von der Flächeneinheit gefordert werden, lassen sich mit Viehdung allein nicht mehr hervorbringen. Die kleinen Ackerflächen in der Umgebung der Dörfer sind zwar in alter Zeit mit rührender Sorgfalt gepflegt und gedüngt worden — da die Männer den ganzen Sommer über auf Seefahrt waren, so lag die Landwirtschaft fast allein in den Händen der Frauen und konnte bei jedem Haus nur ein kleines Stück Land betreut werden; man findet in diesen Äckern nur wenig Steine, und die Steinsohle des Strukturbodens ist längst zerpflügt und beseitigt. In Wenningstedt hatten ehedem die Gehöfte nur 10—20 ha Wirtschaftsgröße. Das Vieh — hauptsächlich Schafe, einige Kühe und Schweine — lebte von der Weide und war den größten Teil des Jahres, die Schafe eigentlich immer im Freien, im Sommer angetüdert, von einem bestimmten Tag im September bis zum April auf den uneingehegten Feldern frei umherlaufend. Fütterung mit Hafer, Gerste oder dgl. kannte man nicht, nur Gras und Heu. War ein schlechtes Futterjahr, so mähte man Dünenhalm, der als recht nahrhaft galt. Heide- und Dünennutzung gehörten einer bäuerlichen Los-Interessentschaft. Das Heidekraut wurde zum Feueranmachen, hauptsächlich aber zur Einstreu in Ställen und Hürden benutzt. Zum eigentlichen Brennen brauchte man die Heidsoden mit ihrem halbtorfigen Rohhumus; die Asche ging in den Dung. Aus dem

Dünenhalm drehte man übrigens auch sehr zähe, wetterfeste Stricke zum Binden der Rethdächer, besonders der Firstlage. Buchweizen und Bohnen, die es auf dem Festlande viel gab, wurden auf Sylt nicht angebaut, wohl aber Erbsen. Heutzutage baut man hauptsächlich Winterroggen, Sommergerste, Hafer, Kartoffeln und auch schon ziemlich viel Klee, z. B. in Morsum. Die Bodenbenutzung ist auf Sylt eine völlig andere geworden und wird in Zukunft noch weitere große Umwälzungen erfahren.

Nachtragsbemerkung.

Während des Drucks dieser Auflage ist von Prof. K. Gripp unter Verwertung von rd. 300 neuen Staatsbohrungen eine Arbeit „Aufbau und Entstehung von Sylt" für Band I, 2 der amtlichen Schriftenreihe „Westküste" (Verlag Boyens & Co., Heide 1938) fertiggestellt, aus der ich mit freundlicher Genehmigung des Verfassers und der Behörde folgende Ergebnisse entnehme: Mittelsylt nebst der Südermarsch und dem anstoßenden Watt haben eine in den Kaolinsand eingeschnittene altdiluviale Fastebene unter sich. Diese Fastebene ist zu einem erheblichen Teil zunächst mit jenem alten Meeresdiluvium bedeckt, von dem ein Zipfel im Morsumer Bahneinschnitt sichtbar gewesen ist (vgl. vorstehende S. 23). Darüber liegt Grundmoräne und außerhalb der Geest noch bronzezeitlicher Torf sowie Marsch- und Wattboden. Nordöstlich von Morsum ist Diluvium und Tertiär zu einer Stauchmoräne aufgepreßt (vgl. S. 33).

Die langen nehrungsförmigen Schweife von Nord- und Südsylt sind echte „Haken". Ihre Bildung erfolgte durch Strömung und Küstenversatz vom diluvialen Kerngebiet der Insel aus und erreichte nach und nach die jetzige Länge. Sie begann mit dem Angriff der See auf diesen Kern schon zur frühen Litorinazeit; Gripp ist nicht der Ansicht, daß eine Hebung (vgl. S. 44) dabei fördernd mitgewirkt habe, weil die Ausbreitung des Küstenabbruchsmaterials eine kräftige Meeresströmung erfordert, die an einem Hebungsstrande erlahmen müßte. Die Dünen bildete der Wind auf dem niedrigen Überwasserrücken der Haken. (Meines Erachtens läßt sich der Aufbau der Haken aus dem Abbruchsmaterial der vor der Linie Westerland-Kliffende zerstörten Geest allein nicht ausreichend erklären. Es muß noch Treib- und Flugsand anderer Herkunft daran beteiligt sein. Auch kann es, wie die zahlreichen und ziemlich großen, plattigen Diluvialgerölle auf Hörnum und strichweise auch auf Listland anzeigen, nicht zweifelhaft sein, daß dort irgendwo Aufragungen von Diluvium bis in den Gezeitenbereich verborgen sitzen, die als Stützpunkte und Sandlieferanten bei den Hakenbildungen mitgewirkt haben.)

Die in der Rote-Kliff-Höhe sichtbare Grundmoräne ist schon in älterer diluvialer Zeit im gesamten Untergrundsbereich des Nordhakens ausgeräumt und durch Diluvialkies ersetzt worden, der auf Kaolinsand und tieferem Glaukonitsand, dem Vertreter des Limonitsandsteins vom Morsumkliff (vgl. S. 15), lagert. Über dem Diluvialkies hat auf gewisse Erstreckung das Eem-Meer (vgl. S. 39) seine Absätze ausgebreitet, und diese wiederum werden von weichseleiszeitlichem Talsand (vgl. S. 50) bedeckt. Auch Torf aus der nacheiszeitlichen Festlandsperiode (vgl. S. 43 „Ancylustorf" bei Gripp) kommt dort, und zwar auf Talsand vor. Listland enthält auch unbedeutende Kleieinlagerungen. Die Nordsee erodiert (Lister Tief, ehemaliges Blidseltief) bis in den Diluvialkies.

Literatur.

Den Lesern, die sich in den Gegenstand dieses Büchleins wissenschaftlich vertiefen wollen, seien einige Literaturangaben an die Hand gegeben.

E. Becksmann, Fossile Brodelböden im Profil des Roten Kliffs (Neues Jahrb. f. Mineralog. etc., Beil.-Bd. 66, Abt. B., 1931, S. 439 bis 464).

F. Berndt, Deuten die Ergebnisse der bisherigen Feineinwägungungen an der deutschen Nordseeküste auf gegenwärtige Erdkrustenbewegungen? (Mitteilungen d. Reichsamts f. Landesaufnahme, 8, Nr. 3, Berl. 1932/33).

A. Dücker, Die Windkanter des norddeutschen Diluviums in ihren Beziehungen zu periglazialen Erscheinungen und zum Decksand. (Jahrb. Preuß. Geol. Landesanstalt Bd. 54, 1933, S. 487—530).

Derselbe, Fossile Bodenfrosterscheinungen in Schleswig-Holstein. Die Heimat, August 1934, S. 235—240.

O. Grahle, Die Ablagerungen der Holstein-See. (Abhandl. d. Preuß. Geol. Landesanst. Neue Folge H. 172, 1936).

K. Gripp, Marines Pliozän und Hipparion gracile Kaup vom Morsumkliff auf Sylt. (Zeitschr. d. D. Geol. Ges. 74, 1922, S. 169 bis 205.)

Derselbe, Über eine nacheiszeitliche Hebung der Insel Sylt. (Zeitschr. d. Deutsch. Geolog. Gesellsch. Berlin 1938.)

W. Haack u. H. Reich, Zur Frage des tieferen Untergrundes von Schleswig-Holstein (Zeitschr. d. Deutsch. Geol. Gesellsch. 82, 1930, H. 6, S. 375—380).

L. H. Heck, Überblick der geologischen Geschichte Schleswig-Holsteins, Kiel 1932, Landesbrandkasse.

Derselbe, Zur Verbreitung des Pliozäns in Schleswig-Holstein. (Zeitschr. d. Deutsch. Geol. Gesellsch. 87, 1935, H. 5, S. 307—318).

Derselbe, Paläozoische, triassische und tertiäre Ablagerungen im südwestlichen Schleswig. (Jahrb. Preuß. Geol. Landesanst. 56, 1935, S. 46—71).

Derselbe, Die nordfriesische neuzeitliche Küstensenkung als Folge diluvialer Tektonik. (Jahrb. Preuß. Geol. Landesanst. 57, 1936, S. 48 bis 84.)

J. Hesemann, Geschiebeuntersuchungen in Schleswig-Holstein. (Jahrb. Preuß. Geol. Landesanst. 57, 1936, S. 418—434.)

A. Jessen, Lönstrup-Klint. Danm. Geol. Undersög. 2. Reihe, Nr. 49, Kopenh. 1928.

K. Jessen u. V. Milthers, Stratigraphical and Paleontological Studies of interglacial Fresh-water Deposits in Jutland and Northwest Germany. Danm. Geol. Undersög. 2. Reihe Nr. 48, Kopenhagen 19.

W. Jessen, Die postdiluviale Entwicklung Amrums und seine subfossilen und rezenten Muschelpflaster (unter Berücksichtigung der gleichen Vorgänge auf den Inseln Sylt und Föhr). (Jahrb. Preuß. Geol. Landesanst. 53, 1932, S. 1—69.)

F. Mager, Der Abbruch der Insel Sylt durch die Nordsee. Veröffentl. d. Schlesw.-Holstein. Universit. Ges. Nr. 8, Breslau 1927, Ferd. Hirt.

L. Meyn, Geognostische Beschreibung der Insel Sylt und ihrer Umgebung. (Abhandl. zur geol. Spezialkartev. Preußen I, 4, 1876.)

V. Milthers, Die Verteilung skandinavischer Leitgeschiebe im Quartär von Westdeutschland. (Abhandl. d. Preuß. Geol. Landesanst. Neue Folge H. 156, 1934.)

Friedr. Müller-O. Fischer, Sylt. Das Wasserwesen an der schlesw.-holstein. Nordseeküste. II. Die Inseln, 7. Folge. Berlin 1938. Dietr. Reimer.

H. Neumann, Die Gliederung des Diluviums der Altmoränenlandschaft Schleswig-Holsteins und der südlich angrenzenden Gebiete. (Schriften aus d. Geol.-Paläont. Inst. d. Univ. Kiel, H. 1, 1933.)

V. Nordmann, K. Jessen u. V. Milthers, Quartärgeologische Beobachtungen auf Sylt. (Medd. fr. Dansk geol. Forening, 6, Nr. 15, Kopenh. 1923, S. 14—39.)

J. Petersen, Über die kristallinen Geschiebe der Insel Sylt. (Neues Jahrb. f. Mineral. etc., 1901, Bd. 1.)

K. Staesche, Zur Gliederung des obermiozänen Glimmertons. (Jahrb. Preuß. Geol. Landesanst. 51, 1930, S. 55—87.)

E. Stolley, Geologische Mitteilungen von der Insel Sylt. I—III. (Archiv f. Anthropolog. u. Geolog. Schlesw.-Holsteins, III u. IV, 1901 bis 1903.)

Derselbe, Tertiär und Quartär auf Sylt. (N. Jahrb. Beilage, Bd. XX.)

Derselbe, Geologica varia von den Nordseeinseln. (23. Jahresber. d. Niedersächs. Geolog. Vereins z. Hannover, 1929.)

Derselbe, Über eine nacheiszeitliche Hebung der Insel Sylt.

W. Wetzel, Die koprogenen Beimengungen mariner Sedimente. (N. Jahrb. f. Min. etc., Beil.-Bd. 78, Abt. B, 1937, S. 109—122.)

Derselbe, Neue Beobachtungen am Jungtertiär von Sylt. (28. Jahresber. Niedersf. Geol. Ver. Hannover 1937.)

Derselbe, Bau und Boden Schleswig-Holsteins. Schleswig 1937, J. Bergas.

W. Wolff, Geologische Beobachtungen auf Sylt nach der Dezemberflut 1909. (Monaatsber. d. Dtsch. Geol. Ges. Bd. 62, 1910. Nr. 1, S. 40—61.)

Derselbe, Erdgeschichte und Bodenaufbau Schleswig-Holsteins, 2. Aufl., Hamburg 1922, L. Friederichsen & Co.

Derselbe, Bodenkarte von Schleswig-Holstein nebst Erklärungen. (Die Ernährung der Pflanze, 31, 1935, H. 11/12, Berlin, Kali-Syndikat.)

Derselbe, Über die Bedeutung von Feinmessungen für die Erforschung der gegenwärtigen Erdkrustenbewegungen Nordwestdeutschlands, insbesondere des Küstengebietes. (Zeitschr. d. Ges. f. Erdkunde z. Berlin 1929, Nr. 7/8.)

W. Wolff phot.

Das Morsumkliff mit Watt bei Ebbe.

a Kaolinsand, b Limonitsandstein, c abwechselnde Sand- und Tonschichten, Übergang zum Glimmerton, d Glimmerton, e Geschiebesanddecke, f erratische Blöcke als Abrasionsreste (von Steingräbern?) im Watt.

Tafel 2

W. Wolff phot.

Weißer Kaolinsand unter der Gletschermoräne im Roten Kliff.

W. Wolff phot.

Pliozäner Ton mit Pflanzenresten

40 m nördlich von Buhne 13 (alte Zählung) im Roten Kliff bei Wenningstedt.
a Hauptmoräne, b hangender Kaolinsand, c Tonlinse mit Pflanzenresten (× = Fundprobe), d liegender Kaolinsand.

W. Wolff phot.

Das Rote Kliff bei Kampen.

a Düne, b humifizierter jungglazialer Strukturboden mit Steinpflaster, c Hauptmoräne, d Schutthalde, verdeckt den Kaolinsand unter der Hauptmoräne, e mit Halm bepflanzte Vordüne am Kliffuß, f Vorstrand.

W. Wolff phot.

Ostende des Morsumkliffs. Schwarzer Glimmerton vom eiszeitlichen Gletscher auf Kaolinsand aufgeschoben.

Tafel 6

W. Wolff phot.

„Tuul", alte Torfschicht unter dem Vorstrande bei Buhne 7 nördlich von Westerland.

Tafel 7

W. Wolff phot.

Zerstörungen am Kliff bei Wenningstedt durch die Sturmflut vom 3. Dezember 1909.

Tafel 8

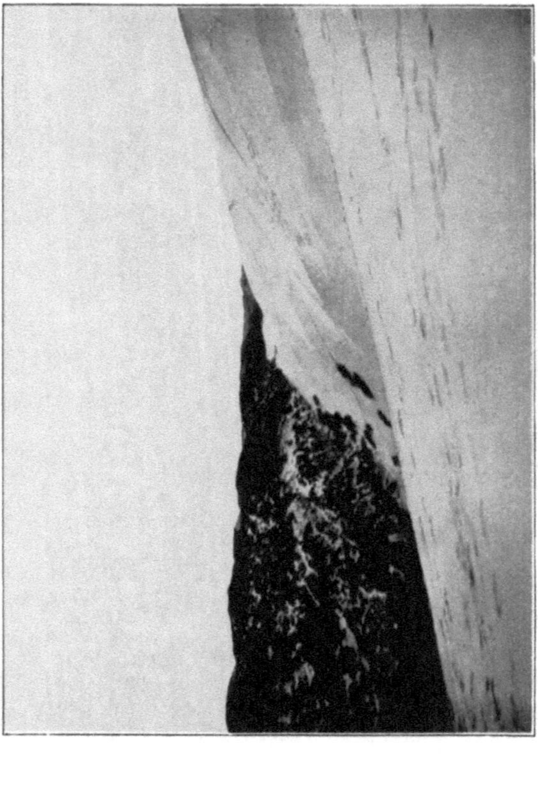

W. Wolff phot.

Wandernde und ruhende Düne auf Listland.

W. Wolff phot. 1931

Der Middelmerskhuug in der Archsumer Marsch. Steinzeitlicher Grabhügel, auf dem Untergrunde der Marsch errichtet.

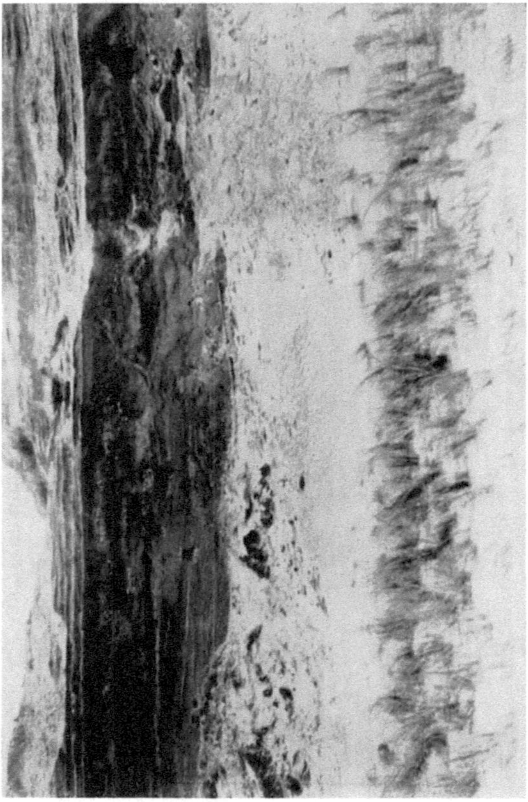

W. Wolff phot. 1937

Alter Landboden unter der Düne im Kliff nördlich Westerland. Zuoberst Düne mit humosen Streifen an der Basis, dann humifizierter eiszeitlicher Strukturboden mit Taschenbildungen und hellen Kiesaussonderungen, dann ebenschichtiger Diluvialsand.

W. Wolff phot. 1937

Gestauchte Grundmoräne im Roten Kliff bei Kampen mit eingefaltetem Sand.

Tafel 12

W. Wolff phot. 1937

In Zerstörung begriffene steinzeitliche Gräber im Strandwall bei Archsum, auf gesunkenem Geestboden errichtet.

FSC
www.fsc.org
MIX
Papier | Fördert gute Waldnutzung
FSC® C083411

Kolibri 360 GmbH
Ferdinand-Jühlke-Straße 7
99095 Erfurt, Deutschland
produktsicherheit@kolibri360.de